U0591050

心情
是一种选择

王桂兰/编著

应急管理出版社
·北 京·

图书在版编目（CIP）数据

心情是一种选择／王桂兰编著．－－北京：应急管理
出版社，2019

ISBN 978 - 7 - 5020 - 7628 - 3

Ⅰ.①心…　Ⅱ.①王…　Ⅲ.①人生哲学—通俗读物
Ⅳ.①B821 - 49

中国版本图书馆 CIP 数据核字（2019）第 136602 号

心情是一种选择

编　　著	王桂兰
责任编辑	郭浩亮
封面设计	于　芳

出版发行	应急管理出版社（北京市朝阳区芍药居 35 号　100029）
电　　话	010 - 84657898（总编室）　010 - 84657880（读者服务部）
网　　址	www. cciph. com. cn
印　　刷	三河市宏顺兴印务有限公司
经　　销	全国新华书店

开　　本	880mm×1230mm$^1/_{32}$	印张　6	字数　151 千字
版　　次	2020 年 1 月第 1 版	2020 年 1 月第 1 次印刷	
社内编号	20180329	定价　32.80 元	

版权所有　违者必究

本书如有缺页、倒页、脱页等质量问题,本社负责调换,电话:010 - 84657880

　　同样是进大观园，刘姥姥欣喜异常，林妹妹伤心不已。面对同样的江水，李后主浅吟低唱：问君能有几多愁，恰似一江春水向东流；苏东坡纵酒高歌：大江东去，浪淘尽，千古风流人物！

　　景无异，人有别。不同的人，有不同的心情。不同的心情，导致了人对外界不同的感受。

　　有的人，心如细瓷，极易破碎；有的人，心像丝绸，极易起褶。或许只是因为塞车，因为短斤的秤或掉色的裙……心里就像装了一只苍蝇，茶不思饭不想觉不睡，见什么都不顺眼，听什么都不顺耳，做什么都不顺心。这种人一辈子与"不顺"做了邻居。他们人生的道路会遍布荆棘与阻碍。

　　有的人，心如阳光，散发温暖；有的人，心像大海，博大无边。面对困难也好，挫折也罢，他们总是面带笑容，心态平和。他们拥有好心情，这种心情能使自己的精神、体力、创造力保持最佳状态，同时也能感染更多的人。因此，他们人生的道路会拥有更多的鲜花和温暖。

　　心情的好坏，其实只是一种选择。你选择戴上乐观的眼镜，你看到的世界会处处亮堂；你选择戴上悲观的眼镜，你看到的世界将是一片灰色。作为现代人，如何选择自己的好心情？美国作家克里斯顿·D. 拉尔森就是一位选择戴乐观眼镜的人，他在一首《答应自己》的小诗中，写了如何选择好心情的方法：

答应自己——

将如此坚强，任何东西也无法扰乱内心的静谧；

和见到的每一个人谈到的都是关于健康、幸福和舒畅；

让你所有的朋友都感到他们各有所长；

任何事物皆能窥见其光明的一面，使你的快乐信条处处应验；

只想令人快感的事情，仅盼让人欣然的结局；

对别人的成功像对自己的成功，报以同样的欢呼；

忘却以往的过失，义无反顾地争取更大的建树；

将永远面带一种愉悦，向所遇到的每一个生灵送上一份可心的笑意；

将如此忙于完善自己，而无暇对他人吹毛求疵；

将过于豁达，不会忧郁；过于高贵，不屑动气；过于硬朗，不知畏惧；过于快活，不容心存芥蒂。

王桂兰

2019年9月

目 录 Contents

第一章　寻找幸福快乐的宝藏

◆ 生命的价值

人来到这个世界上是为了什么？这是我们每个人都必须思考的问题。首先要明白人能到这个世上来，的确是很不容易的。地球上生物的生命历史是40亿年，而人类的生命历史是200万年，经过如此漫长的岁月才造就了我们，我们是何等的幸运！也有人说，地球上的生物大约有150万种，我们降生为人，其概率为1/150万。仔细想想，这是多么难得的机遇！如果我们能常常想到这一点，就不会愿意糊里糊涂地混一辈子，没有理想，没有追求，只是为了享受，不去承受痛苦，如此不仅享受不到生活赐予的真正幸福，还有可能变为寄生虫。所以人既要承受痛苦，也要享受生活，这才是生命的全部价值。

英国伟大的哲学家罗素认为，对爱情的向往，对知识的渴望，以及对人类灾难深深的怜悯，是人生价值观的精髓。他说："我追求爱情，因为它叫我销魂，减轻孤独感……我以同样的热情追求知识。我想理解人类的心灵，我想了解星辰为何灿烂。爱情和知识只要存在，总是向上导往天堂。但是，怜悯又总是把我带回人间。痛苦的呼喊在我心中反响、回荡。孩子们受饥荒煎熬，无辜者被压迫者折磨，孤弱无助的老人在自己的儿子眼中变成可恶的累赘，以及世上触目皆是的孤独、贫困和痛苦——这些都是对人类应该过的生活的嘲弄。我渴望能减少罪恶，这就是我的一生，我觉得自己这一生是值得活的，如果真有可能再给我一次机会，我将欣然重活一次。"

罗素把人生的意义揭示得生动又深刻。的确，没有爱情的生活是苍白的，没有知识的生活是愚昧的，而对人类自身的同情和关怀，则是区别伟人与平庸者的一个重要指标。

俗话说，人活着就要活得有价值。例如有位残疾的女子，她本来可以只躺在床上，什么都不用做，什么都可以不去追求，反正有人会关心和同情她。可是她却认为别人的关心和同情只会冲淡生命的滋味，所以，她为自己选择了重新酿造生活的蜜浆的艰苦道路，承担了生活给她的磨难。她克服了常人难以想象的困难，自学了英语、日语、德语，并翻译出版了16万字的著作和资料。她还下苦功夫学习医学知识，替人治疗疾病，她在承受痛苦的同时不但从中享受到成功的喜悦，还享受到人间的情和爱。

苏联作家奥斯特洛夫斯基在战争中不幸受伤，使得他双目失明，全身瘫痪，被牢牢地禁锢在病床上。他承受了难以忍受的痛苦，克服了难以想象的困难，终于写成了《钢铁是怎样炼成的》这部闻名世界的长篇小说。他说："尽管如此，我仍然是一个无比幸福的人。""尽管我忍受着自己病躯的种种痛苦，但我仍然为我们国家的每一个胜利而欢欣鼓舞，再没有比战胜这种痛苦更使人感到幸福和快乐的事了。"从以上这些人物的身上我们发现了一个真理：只要一个人有了理想，有了追求，生命就有了价值。生命有了价值，就能在承受痛苦的同时享受生活的幸福。

　　人最宝贵的是生命，生命属于每个人但却只有一次。人既然有幸降生在这个世上，就要勇敢地面对生活带来的磨难，也要好好地享受生活赐予的幸福。

　　这世上永远没有绝望的处境，只有绝望的人。

◆ 心怀淡泊

　　走在这人世之中，别人的目光像风雨一样倾泻在你身上。你慌慌张张地为迎接来自不同方向的风雨而穿好了雨衣，忙忙碌碌地迎接着一场场洗礼，然后含着委屈的泪说：看！我和别人已相差无几。这该是怎样的失落啊，只为了某种迎合却把自己蜕变成可怜。

　　穿行于世俗的沟壑以及拥挤的夹缝中，每每都以这种不情愿的举动赢得了几分可怜的赞许，而恰恰忘记了真实，忘记了自身的那些美丽。

　　那么为何不心怀一种淡泊，再看人世的时候只把它当成风景呢？

　　为何不给心一个空闲，过得轻松恬淡些，在生活的夹缝中，在心里抹去不快的阴影，然后放逐苦涩。聪明人警告我说：生命只是清晨荷叶上的一滴露珠。

◆ 学会欣赏自己

　　一个人要想拥有好心情，就要守住自己心中那片灿烂的阳光。这里所说的阳光就是指自己的自尊、尊严。曾经听过这样一句话：喜欢自己，就要学会善待自己、欣赏自己，使自己像阳光那样热情奔放，不可或缺，让自己的尊严高高飞扬，活出真自我。

只要精神之树不倒，每个人都可以是笑傲命运的富翁；只要自己心中有一方晴空，那么灿烂的阳光就会照耀大地。

人的一生，就像一趟旅行，沿途中有数不尽的坎坷泥泞，但也有看不完的春花秋月。如果我们的一颗心总是被灰暗的风尘所覆盖，干涸了心泉、黯淡了目光、失去了生机、丧失了斗志，我们的人生轨迹岂能美好？而如果我们能保持一种健康向上的心态，即使我们身处逆境、四面楚歌，也一定会有"山重水复疑无路，柳暗花明又一村"的那一天。

◆ 顺应四季的流转

没有冬季的萧条，就没有夏季的亮丽。

假使我们仔细察看和体验，会发现一个人的能量转换节奏和一年的四季相当吻合。

在冬季里，我们积蓄力量，霜雪可以洁净我们的心灵，严酷的低温可以磨砺我们心头的暴躁之气。在阳光普照的夏季，我们充满着热情和活力，容易对自己产生无边的信心，因为在这种充满欢愉而又美好的日子里，明媚的阳光总是照耀着我们。

夏天有些特殊的性格：热烈、美丽、生趣洋溢。这些属性与我们崇尚的伟人一样，让我们感觉身体注入一股蓬勃生机与活力，使我们内心激动不已，却又无法诉说是何种情感。

其实，这种感受从远古时代便存在。自从宇宙有了"时间"之后，四季的流转，就有牢不可破的规律，不管在哪个时代，都能在人们的心头激起一种信念，以及神奇和崇敬的心怀。

在夏季里，绿草像张柔软的毛毯，铺满大地；花儿都很守信，如期开放；鸟儿在拂晓时高声赞扬，在暮色朦胧时又低声默祷。假使我们不能与自然界一样欢欣，一定是我们的心灵已经死寂。

我们应当记住：既然有如此辉煌的夏季，必会有沉寂的冬季。到了冬天，雨雪霏霏，寒风刺骨，树枝光秃，百花凋零……这些都是再自然不过的循环。

在冬季里，自然并没有死寂，只是沉睡而已。就在自然界的睡梦中，万物其实正计划着夏季该表现的各种形象和生命之美。

冬季并非死寂、毫无生气，因为冬季里仍有生命的脉动，酝酿着下一个生机。辉煌的夏季就是在这样严酷的时机中孕育出来的。

夏季彰显了冬季的价值，充实了冬季的内蕴，证明冬季的一切苦难都不是毫无价值的忍耐与等待。人的一生也是如此，交织着光明和阴暗，喜乐和痛苦，如果没有冬季的沉寂，就显现不出夏季的亮丽。

◆ 快乐源于宁静

一个国王独自到花园里散步，使他万分诧异的是，花园里所有的花草树木都枯萎了，园中一片荒凉。

后来国王了解到，橡树由于没有松树那么高大挺拔，因此轻生厌世死了；松树又因自己不能像葡萄那样结许多果子，也死了；葡萄哀叹自己终日葡匐在架上，不能直立，不能像桃树那样开出美丽可爱的花朵，于是也死了；牵牛花也病倒了，因为它叹息自己没有紫丁香那样芬芳；其余的植物也都垂头丧气，没精打采，只有很细小的心安草在茂盛地生长。

国王问道："小小的心安草啊，别的植物全都枯萎了，为什么你这小草这么勇敢乐观，毫不沮丧呢？"小草回答说："国王啊，我一点儿也不灰心失望，因为我知道，如果国王您想要一棵橡树，或者一棵松

树、一丛葡萄、一株桃树、一株牵牛花、一棵紫丁香等，您就会叫园丁
把它们种上，而我知道您希望于我的就是要我安心做小小的心安草。"

《牛津格言》中说："如果我们仅仅想获得幸福，那很容易实现。
但我们希望比别人更幸福，就会感到很难实现，因为我们对于别人幸福
的想象总是超过实际情形。"人各有所长，也各有所短。我们既不能总
是以己之长，比人之短；也不应以己之短，比人之长。生活中的许多烦
恼都源于我们盲目地和别人攀比，而忘了享受自己的生活。

快乐的生活很大程度上是宁静的生活，因为真正的快乐只有在宁静
的气氛中才能驻足。

◆ 选择光明磊落

半个世纪前，在纽约贫民区某公立学校里，奥尼尔夫人所教的三年
级学生举行了一场算术考试。阅卷时，她发现有12个男孩子对某一题的
答案错得完全一样。

奥尼尔夫人叫这12个男孩子在放学后留下来。她不问任何问题，也
不做任何责备，只在黑板上写下这样一句话：

"在真相肯定永无人知的情况下，一个人的所作所为，能显示他的
品格——汤姆斯·麦考莱"。

她让孩子们抄100次。

多年后，其中的一个孩子回忆说："我不知其他11个人有何感想，
只知道自己，可以说：这是我一生中最重要的教训。老师把麦考莱的名
言告诉我们已经是多年以前的事了，我至今仍认为那是我所见到的最好
的准绳之一。不是因为它可以使我们衡量别人，而是因为它使我们可以

衡量自己。"

　　我们中间需要决定国家大事的人不多，但我们每人每天都必须做出许多的决定。在街上捡到一个钱包，是揣进自己裤兜呢，还是送交警察？那笔交易本是别人的功劳，可以把它据为己有，列在自己的业绩里吗？

　　我国传统文化里有"慎独"两字，说的也是君子要注意在无外人知道的情形下谨慎从事。其实，你做的任何事，至少你的心知道，是"问心有愧"还是"问心无愧"，这种区别来自你那一念之间的选择。选择了光明磊落，你的心就会无拘无束；选择了不能见人，你的心就会愧疚一生。

　　还记得电影《红番区》的主题曲《问心无愧》吗？

　　只会流汗，不会流泪；不懂后退，只会奉陪。只想尝到挑战的滋味，吃一点亏已无所谓，受点苦也无所谓。一身伤痕，换一分体会。怎么能够将白变黑，怎么能够将是变非，怎么能够眼睁睁看着世界不分真伪。

　　做到问心无愧，代价不菲。只要做得对，就是巨大的安慰。不管是谁，只活一个对得起自己，也就不必说后悔。问天问地问心无愧，只要做得对，不管有没有人陪。不管是谁，只活一回，对得起自己，永远不问痛不痛、累不累。

　　平常不做亏心事，半夜不怕鬼敲门。

◆ 不让良心蒙尘

卢梭小时候，家里很穷，为求生计，只好到一个伯爵家去当小用人。伯爵家的一个侍女有条漂亮的小丝带，很讨人喜爱。有一天，卢梭趁没人的时候，从侍女床头拿走小丝带，跑到院里玩赏起来。

正在这时候，有个仆人从他身后走过，发现了卢梭手中的小丝带，立刻报告了伯爵。伯爵大为恼火，就把卢梭叫到身旁，厉声追问起来。卢梭紧张极了，心想，如果承认丝带是自己拿的，那自己一定会被辞退，以后再找工作，可就更难了。他结巴了好大一会儿，最后竟撒了个谎，说丝带是小厨娘玛丽永偷给他的。伯爵半信半疑，就让玛丽永过来对质。善良、老实的小玛丽永一听这事，顿时蒙了，一边流泪，一边说："不是我，绝不是我！"可卢梭呢？却死死咬住了玛丽永，并把事情的所谓"经过"编造得有鼻子有眼。

这下子，伯爵更恼火了，索性将卢梭和玛丽永同时辞退了。当两人离开伯爵家时，一位长者意味深长地说："你们之中必有一个是无辜的，说谎的人一定会受到良心的惩罚！"

果然，这件事给卢梭带来了终身的痛苦。40年后，他在自传《忏悔录》中坦白说："这种沉重的负担一直压在我的良心上……促使我决心撰写这部忏悔录。""这种残酷的回忆，常常使我苦恼，在我苦恼得睡不着的时候，便看到这个可怜的姑娘前来谴责我的罪行……"

曾在报纸上见过一些杀人如麻的恶魔，在逃亡数年之后最终走上自首道路的故事。他们之所以做出这种出人意料的举动，除了公安机关的威慑力外，其中不容忽视的是他们自己良心的煎熬与觉醒。他们无一例外地承受着夜夜噩梦的折磨。他们蒙尘的良心总是会在夜深人静的时候倔强地证明自己的存在。投案自首了，心也就安了。

写到这里，我们不由得佩服古人富有哲理的遣词。良心良心，实则是指"良好的心情"啊！一个人为人处世弃良心不顾，也就等于弃"良好的心情"不顾。

选择一颗干净的良心，不让它蒙上一丝灰尘，你的灵魂必定光洁如镜，心情必定安宁祥和！

◆ 按照自己的节奏开花与凋零

人生在世，总不免有许多情感和情绪上的困扰。对一个多愁善感的人来说，人生真是痛苦多于欢乐，爱和恨都过于强烈，一点点刺激就激动不已。比如林黛玉，用情太深而愁肠百结，闹出一身的病来，终于"香魂一缕随风散"了。如此人生，真不免让人又怜又怨。

倘若我们能控制住个人的情感，从自己的生活处境中拨云而出，对自己的生活与对他人的生活一样做理智地对待，生活岂不真实得多也轻松得多？当理想受挫时，倘若我们明白除了追求过程本身具有的意义外，人生的努力大多徒然，对失败我们不就可以安然地接受？当与家人失和，想远走高飞时，倘若我们明白"城里的人想冲出去，城外的人想冲进来"的道理，难道还会那么决然？亲友故逝，虽不必像庄子那样"鼓盆而歌"，但若我们静观此事如观自然变迁，岂不可以减少一点痛苦而节哀自重？深夜，你推开窗户看万家灯火，哪一盏灯下没有着自己的故事，自己的悲欢？街头忙碌的商贩、洗衣的妇人，哪一个没有自己的追求、自己的渴望？在这无际的人群中，在这广阔的背景下，你能不觉得自己的悲观被淡化了一些？你能不对这人生抱有一种更为坦荡和豁达的态度？

多情的人生如酒神，酣醉于醇酒妇人，酣醉于狂歌曼舞，苦痛是它的基本精神；静观的人生如日神，凭高普照，静观自得，泰然地将"变化"化为"存在"，将人生的缺陷化为在平静中被"观"的事实，由此而得解脱。

静观者是一个心绪平和、从容淡定、把自己仅当人群中一员的人；是一个举起镜子直照人生，显示人生本来面目的人；是一个既不一味悲观，也不盲目乐观，而更近于达观，善于将人生的苦闷忧痛化入一片平淡无奇的背景中，从而获得超脱与解放的人；是一个万事万物在他眼中各得其所、各呈其趣，一件琐碎的家务并不比一桩伟大的事业更少意义的人。他眼里的世界是正常的，心里的世界是和谐的，他"廓然而大公，物来而顺应"，以一种雍和的气度和成熟的智慧直面人生，从而拥有一份处变不惊的好心情。

人应该学学花木，随性而开，随性而谢。不管面对的是国王还是乞丐，都一视同仁，按照自己的节奏开花与凋零。

◆ 不刻意做人，不精心处世

人本是人，不必刻意去做人；世本是世，无须精心处世；这便是真正的做人与处世了。

人生有三重境界，这三重境界可以用一段充满禅机的语言来说明，这段语言便是：看山是山，看水是水；看山不是山，看水不是水；看山还是山，看水还是水。

这就是说一个人的人生之初纯洁无瑕，初识世界，一切都是新鲜的，眼睛看见什么就是什么，人家告诉他这是山，他就认识了山；告诉他这是水，他就认识了水。

随着年龄渐长，经历的世事渐多，就发现这个世界的问题了。这个世界问题越来越多，越来越复杂，经常是黑白颠倒，是非混淆，无理走遍天下，有理寸步难行，好人无好报，恶人活千年。进入这个阶段，人是激愤的、不平的、忧虑的、疑问的、警惕的、复杂的。人不愿意再轻易地相信什么。人在这个时候看山也感慨，看水也叹息，借古讽今，指桑骂槐。山自然不再是单纯的山，水自然不再是单纯的水。其实，一切的一切都是人的主观意志的载体，所谓好风凭借力，送我上青云。倘若留在人生的这一阶段，那就苦了这条性命了。人就会这山望着那山高，不停地攀登，争强好胜，与人比较，怎么做人，如何处世，绞尽脑汁，机关算尽，永无满足的一天。因为这个世界原本就是一个圆的，人外还有人，天外还有天，循环往复，绿水长流。而人的生命是短暂有限的，哪里能够去与永恒和无限计较呢？

许多人到了人生的第二重境界就到了人生的终点。追求一生，劳碌一生，心高气傲一生，最后发现自己并没有达到自己的理想，于是抱恨终生。但是有一些人通过自己的修炼，终于把自己提升到了第三重人生境界，从而茅塞顿开，回归自然。人在这时候便会专心致志做自己应该做的事情，不与旁人有任何计较。任尔红尘滚滚，自有清风朗月。面对芜杂世俗之事，一笑了之。这个时候的人就看山还是山，看水还是水了。

◆ 人生的最高境界是快乐

三伏天，禅院的草地枯黄了一大片。"快撒点儿草种子吧！好难看哪！"小和尚说，"等天凉了就不会发芽了。"

师父挥挥手："随时！"

中秋，师父买了一包草籽，叫小和尚去播种。

秋风起，草籽边撒、边飘。"不好了！好多种子都被吹飞了。"小和尚喊。

"没关系，吹走的多半是空的，撒下去也发不了芽。"师父说，"随性！"

撒完种子，跟着就飞来几只小鸟啄食。"要命了！种子都被鸟吃了！"小和尚急得跳脚。

"没关系！种子多，吃不完！"师父说，"随遇！"

半夜一阵骤雨，小和尚早晨冲进禅房："师父！这下真完了！好多草籽被雨冲走了！"

"冲到哪儿，就在哪儿发！"师父说，"随缘！"

一个星期过去了。原本光秃的地面，居然长出许多青翠的草苗。一些原来没播种的角落，也泛出了绿意。

小和尚高兴得直拍手。

师父点头："随喜！"

随不是跟随，是顺其自然，不怨怒、不躁进、不过度、不强求。

随不是随便，是把握机缘，不悲观、不刻板、不慌乱、不忘形。

不要幻想生活总是那么圆圆满满，也不要幻想在生活的四季中总能享受所有的春天，每个人的一生都注定要跋涉沟沟坎坎，品尝苦涩与无奈，经历挫折与失意。

这时，你若能以一种豁达的胸怀去面对，收获的必是一份人生的成熟、一份心情的洒脱！

豁达人生是一种大器人生，它能让人用一种完全不同的眼光来审视人生，从而获得一种前所未有的从容和达观，最终获得人生的最高境界——快乐。

◆ 何不享受快乐

从前有个富翁，他对自己地窖里珍藏的葡萄酒非常珍爱——窖里保留着一坛只有他才知道的、非常重要的场合才能喝的陈酒。

州府的总督登门拜访，富翁提醒自己："这坛酒不能仅仅为一个总督启封。"

地区主教来看他，他自忖道："不，不能开启那坛酒。他不懂这种酒的价值，酒香也飘不进他的鼻孔。"

王子来访，和他同进晚餐，但他想："区区一个王子喝这种酒过分奢侈了。"

甚至在他亲侄子结婚那天，他还对自己说："不行，接待这种客人，不能拿出这坛酒。"

一年又一年，富翁死了。

下葬那天，珍藏的陈酒坛和其他酒坛一起被搬了出来，左邻右舍的农民把酒通通喝光了。谁也不知道这坛陈年老酒的久远历史。

对他们来说，所有倒进酒杯里的仅是酒而已。

与之相对应，一位记者曾讲过这样一件事：

这位记者曾采访过钢琴大师鲁宾斯坦，临别时大师送给他一盒上等雪茄。这位记者表示要好好地珍藏这一礼物。钢琴大师告诉他："为什么要珍藏？不要这样，你一定要享用它们，这种雪茄如人生一样，都是不能保存的，你要尽量享受它们。没有爱和不能享受人生，就没有快乐。"

劝君莫惜金缕衣，劝君惜取少年时。
花开堪折直须折，莫待无花空折枝。

◆ 乐观与悲观

有一对双胞胎，外表酷似，禀性却迥然不同。

若一个觉得太热，另一个会觉得太冷。若一个说音乐很好听，另一个则会说像鬼哭狼嚎。

一个是极端的乐观主义者，而另一个则是不可救药的悲观主义者。

为了试探双胞胎儿子的反应，父亲在他们生日那天，在悲观儿子的房间里堆满了各种新奇的玩具及电子游戏机，而乐观儿子的房间里则堆满了马粪。

晚上，父亲走过悲观儿子的房间，发现他正坐在一大堆新玩具中间伤心地哭泣。

"儿子啊，你为什么哭呢？"父亲问道。

"因为我的朋友们都会妒忌我，我还要读那么多的使用说明才能够玩。另外，这些玩具总是不停地要换电池，而且最后全都会坏掉的！"

走过乐观儿子的房间，父亲发现他正在马粪堆里快活地手舞足蹈。

"咦，你高兴什么呢？"父亲问道。

这位乐观的儿子答道："我能不高兴吗？附近肯定有一匹小马！"

人活在世上总会遇到各种各样的事情，或忧或喜。但最重要的是当个人的生理需要与客观事物发生矛盾冲突而产生种种恶劣情绪时，如果能通过自己的认知活动，及时调整好自己的情绪，对自己的身心健康乃至处理好各种事情是大有裨益的。

　　有一个国王想从两个儿子中选择一个作为王位继承人，就给了他们每人一枚金币，让他们骑马到远处的一个小镇上，随便购买一件东西。而在这之前，国王命人偷偷地把他们的衣兜剪了一个洞。中午，兄弟俩回来了，大儿子闷闷不乐，小儿子却兴高采烈。国王先问大儿子发生了什么事，大儿子沮丧地说："金币丢了！"国王又问小儿子为什么兴高采烈，小儿子说他用那枚金币买到了一笔无形的财富，足以让他受益一辈子，这个财富就是一个很好的教训：在把贵重的东西放进衣袋之前，要先检查一下衣兜有没有洞。

　　同样是丢失了金币，悲观者用它换来了烦恼，乐观者却用它买来了教训。乐观者与悲观者的差别是很有趣的：乐观者在每次危难中都看到了机会，而悲观者在每个机会中都看到了危难。

　　苏联作家巴乌斯托夫斯基讲述过，在某处的海岛上，渔夫们在一块巨大的圆花岗石上刻上了一行题词——纪念所有死在海上和将要死在海上的人们。这题词使巴乌斯托夫斯基感到忧伤。而另一位作家却认为这是一行非常雄壮的题词，他是这样理解那句题词的：纪念那些征服了海和即将征服海的人。

　　悲观者的眼光总是专注在不可能做到的事情上，到最后他们只看到了什么是没有可能的。乐观者所想的都是可能做到的事情，由于把注意力集中在可能做到的事情上，所以往往能够心想事成。

◆ 享受每一个今天

一个春日的下午，李娟决定到郊外的森林里走走，让自己沉浸于大自然之中，享受一下和煦春风中的花香。可是到了森林里，她好像失落了什么东西，她的思绪开始游荡不定。她想起了家里要做的各种事情：孩子们快要放学了，家里还要买菜，房间还没打扫，家里现在不知怎么样了？

想着自己离开郊外森林之后要做的种种家务，现实的时光就这样在焦虑和担忧中流逝了。她既没有享受到美好的自然环境，她的思虑也没给将要做的事情带来任何帮助。

周太太好不容易得到了一个到海岛去度假的机会，于是她每天都到海边晒太阳，但她不是为了感受那在清新凉爽的海风吹拂、阳光照射的乐趣，而是猜想自己度假回家之后，当朋友们看到她那红里透黑的皮肤时会说些什么。她的思绪总是集中于将来的某一时刻，而当这一时刻到来时，她又惋惜自己不能再感受在海滨晒太阳的愉悦了。

罗林是一位中学生，放学后父母让他赶紧阅读课文。其实，罗林此时并不想学习，他心里惦记着电视上的火箭队今年季后赛能否赢下第七场，但是他只好强迫自己读下去。过了很久，他发现自己才读了三页，脑子也总是走神，而且也完全不知道自己在读些什么，他似乎只是在参加一个阅读仪式。

有一位终其一生都在担忧后悔的女士，在她50岁时，丈夫突然患脑干梗塞被送进了医院急救。最初的日子里，她整天所想的就是以往她因为各种各样的琐事和丈夫吵架的往事，后悔自己气头上说过的每一句话和做过的每一件事。当丈夫陷入深度昏迷后，她又开始为以后的孤独日子担忧，不知该如何处理丈夫的后事，不知自己是否还会再拥有家庭。后来，她的丈夫去世了，她又开始后悔在那些最后的日子里没有趁丈夫清醒时再多和他说几句话，问问他还有些什么愿望和要求；没有在丈夫昏迷时多在他身边呼唤他，也许亲人的呼唤会使丈夫的生命焕发出奇迹。过了许多年，她也去世了，她的儿子回忆说，"在我母亲的一生中没有一个真正的今天。"

"年年是好年，日日是好日"，这句话说的是，人在一生当中，要全力以赴，持之以恒，坚持不懈，同时也要能无所偏执，实事求是，坦然面对人生，不可为一时的利害得失而处心积虑，到处钻营。面对人生的起伏，重要的是化新的一年为美好的一年，化新的一天为美好的一天。

每天当我们结束工作时，就应当把成为以往的事情忘记，因为过去的光阴不能再追回来。虽然我们难保一天所做不会有错误或蠢事，但是事情已经过去，一味地追悔只能贻误迎接明天的到来。今天就握在我们手中，这是一个新日子，它好像人生日记本里的空白一页，任由我们去填写。我们所要做的就是燃起生命的热情，激发心中的希望，倾注全力做好每一件事，享受每一个今天。

在实际生活中，否定今天和现时的表现是多种多样的。他们不能集中于今天上，总是为着不存在的东西而放弃眼前的生活，结果永远都不能真正拥有一个实实在在的生命享受过程。

◆ 需求有限，欲望无限

从某种意义上说，金钱是万能的，它几乎能购买人类社会中的所有物质东西。但细心来探讨一下，金钱所能买到的物质或享受又是极其有限的。金钱不能满足人生的一切，尤其是对于人的精神层面，充其量，金钱只是无数工具中的一个，既不是唯一的，也不是必不可少的。

在我们日常生活中，除了物质享受外，金钱并不能给我们带来真正的爱情、友谊、生命以及内心的愉快和心灵的满足，而后者这种精神生活才是快乐的源泉。没有精神的快乐，任何物质本身都不能给人带来满足和快乐。有些人不这么看，以为金钱是万能的。但当他们处心积虑千方百计获得金钱后，却招来了很多烦恼，积聚越多，负担越重。然后，才恍然大悟，认识到金钱的本质。但往往这些人是在自己几乎耗费了整个人生后才意识到这一点，回天无力，只能带着遗憾和用全部生命换来的教训撒手人寰。实际上，当人把金钱看作万能时，无形之中也使自己变成了金钱的奴隶。原本希望有钱后可买到更多的自由，却在一开始就又把自己卖身到金钱的奴役中，所以无论怎样努力，都不能从中解脱，到头来也就根本没有内心的愉快。

凡是用金钱买得到的东西，都是平凡而容易获得的，唯独金钱买不到的东西，才是弥足珍贵的。以下所列的是真正有价值而金钱买不到的东西：

（1）健康的生命。

（2）真正的爱情。

（3）纯洁的友谊。

（4）内心的平安。

（5）家庭的幸福。

（6）智慧聪明。

（7）身心愉快。

（8）满足。

（9）……

所以，金钱的力量是相当有限的。当我们缺乏它的时候，便觉得它重要，但当需要达到满足时，如衣食住行的问题解决后，金钱的作用就愈来愈小了。比如，水是我们最重要的东西，当我们急切需要的时候，如甘露般的珍贵，在沙漠里的水比黄金还有价值，所谓渴时一滴如甘露。可是一旦水源充足，满足了对水的基本需求时，我们对水的需求便不觉得迫切了。人对金钱的需求也是如此，我们并不需要无限多的金钱，那种所谓的对金钱的无限需求，只是人的精神无限需求的一种错位而已。这种错位，将扭曲我们的人性，破坏我们的心情。

心灵一旦为欲望所侵蚀，人就无法摆脱烦恼。只有扑灭欲望之火，心灵才会在宁静与平和中得到安详与快乐。

◆ 张开内心之眸

有一个白人，视黑人如仇寇。当他到商店买东西的时候，如果营业员是黑人，他就执意将钱币放在柜台上面，让营业员从柜台上把钱拿走——他决不让自己接触黑人那"肮脏"的手！

后来，这个白人失明了。在一家盲人休养院，他得到一位女性护理员的悉心照料，日子久了，他们成了无话不谈的知心朋友。有一天，他拉着护理员的手，向她倾倒自己的一些苦水：我可以学着用手去触摸

心情是一种选择

一些东西，但是，我该怎么去区分白人和黑人呢？护理员平静地告诉他说，她自己就是一个黑人。他听后半晌无言，却把那双手攥得更紧了。后来，他和这个黑人护理员结了婚。他说，我失去了视力，也抛弃了偏见，这是多么幸福的事！

有一篇小说，以庞贝城的覆灭为背景，写一个盲女倪娣雅的故事。倪娣雅虽身有残疾，却不自怨自艾，她快乐地生活，真诚地待人。维苏威火山爆发时，庞贝城笼罩在烟尘下，昏暗如无星的午夜。惊慌失措的居民冲来撞去，找不到出路。但是倪娣雅却靠着她超凡的触觉与听觉，不但找到了生路，还把她最爱的一个人也搭救了出来——残疾成了她宝贵的财富，不幸在紧要关头帮她铸成了大幸。

不要将太多的权力都交付给我们的眼睛。当它倦怠的时候，当它偏执的时候，当它惊惶的时候，往往会提供给我们一些错误的信息。它牵着我们走在一种我们脆弱的心无法排斥的非清醒感觉里。在它的主宰下，我们忽略了一路花香，淡忘了深情表达，甚至将辛勤铺到脚下的生命通道阐释成绝路一条！

神秀说："身是菩提树，心如明镜台，时时勤拂拭，勿使惹尘埃。"慧能说："菩提本无树，明镜亦非台，本来无一物，何处惹尘埃。"要做到慧能的境界，对于常人来说太难了。相对来说，神秀所说的境界，却是可以达到的。心如明镜，纤毫毕现，洞若观火，那身无疑就是"菩提"了。但前提是"时时勤拂拭"，否则，尘埃厚厚，似茧封裹，心定不会澄碧，眼睛不会明亮了。

在睁开眼睛的时候，请别忘了张开内心之眸。时时认真拂拭我们心灵的"明镜台"，让它在尘埃之外永远保有一份明鉴万物的清明吧！有许多很重要的东西，往往需要用心和眼睛一同去看。

◆ 不要只看事物的表面

有一次，著名女作家海伦·凯勒到霍普金斯大学发表演说。

演说刚一结束，一位学生即举手发问："凯勒女士，请问一个人要怎样才能获得最大的快乐？"

"忘我！"她简洁有力地回答。

"一个人所可能遭受的最大悲哀又是什么？"这学生接着又问道。

"有眼睛却看不见，或有眼睛却懒得看。这是很多人的通病。"她不假思索地回答。

莫内曾提醒大家："不要去看事物的表面，而要深入事物的深处。"一个缺乏感悟的人，常不是由于智商太低，而是因为没有用心观察。

有一位导游引领旅客游览山洞，突然间灯熄了，机智的导游连忙说："让我们来体验一下暗无天日的生活。要记住，这就是盲人一辈子所见到的。"

他的话感人至深，一时之间大家都默然了，等到灯亮的时候每个人突然都觉得洞内美景焕然，平时不在意的视野倍感珍贵。

这是耳聪目明的人常常体悟不到的美感。

不要去看事物的表面，而要深入事物的深处。

◆ 将眼光放在空白处

一个年轻人去拜访一位老画家。在画室里，他在一幅题为《快乐》的画前凝视了许久，仍不明白这幅《快乐》为何只是在洁白的纸上点缀几朵黑色的大小不一的花儿。他望着那些刺眼的花儿疑惑地离开了画室。

几天后，他再次拜访了老画家，很不好意思地说出了心中的疑惑。老画家呵呵笑道："整个画面是我们的人生，空白处代表快乐，那几朵黑色的花，就是所有的悲伤。"

多有创意！不是吗？在我们的生命里，悲伤的花儿其实就那么几朵。但就是那几朵，却总给人留下刻骨的记忆，让人感觉生活一片阴暗，走在阳光下，也感受不到温暖、光明和希望，而快乐的日子却在不经意间滑过、流失……

人生不是单色调的，那浓黑的花儿其实也是美丽的装饰。当梦想折断了翅膀，命运遭遇了风霜，谁都免不了悲伤、彷徨，但我们也应该想到，我们的人生会因此而丰富、真实，我们对生活的理解也会变得深刻。

当你生命的画板上出现了黑色的花朵，你的眼睛应该放在广而深的空白处。因为，你的日子大多是快乐的。

◆ 快乐的日子终会到来

智者行经一个森林，那一天非常热，而此时烈日当空，他觉得口渴，就告诉仆人："我们不久前曾跨过一条小溪，你回去帮我取一些水来。"

仆人回头去找那条小溪，但小溪实在太小了，因一些车子经过，溪水被弄得很污浊，水不能喝了。于是仆人回去告诉智者："那小溪的水已变得很脏而不能喝了，请您允许我继续走，我知道有一条河就离这里只有几里路。"

智者说："不，你回到同一条小溪那里。"仆人表面遵从，但内心并不服气，他认为水那么脏，只是浪费时间白跑一趟。他走了一半路，又跑回来说："您为什么要坚持？"智者不加解释，仍然说："你再去。"仆人只好遵从。

当仆人再走到那条溪流，溪水却变得那么清澈、纯净——泥沙已经流走了。仆人笑了，提着水跳着舞回来，拜在智者脚下说："您给我上了伟大的一课，没有什么东西是永恒的。"

生命的河流有时污浊，但那不是永恒的，随着时间的推移，它终将归于清澈。因此，成功往往始于耐心，而失败往往始于急躁。在胜与败之间，每个人的心情都应该胜不骄，败不馁。

假如生活欺骗了你，不要忧郁，也不要愤慨！不顺心的时候暂且容忍，相信吧：快乐的日子就会到来。

◆ 善于发现眼前的幸福

一匹可敬的老马失去了老伴，身边只有唯一的儿子和自己在一起生活。老马十分疼爱儿子，把它带到一片草地上去抚养，那里有流水，有花卉，还有诱人的绿茵。总之，那里具有幸福生活所需的一切。

但小马驹根本不把这种幸福的生活放在眼里，每天滥啃三叶草，在鲜花遍地的原野上毫无目的地东奔西跑，无忧无虑地享受时光。

这匹又懒又胖的小马驹对这样的生活逐渐厌烦了，对这片美丽的草地也开始反感。它找到父亲，对它说："近来我的身体不舒服。这片草地不卫生，伤害了我；这些三叶草没有香味；这里的水中带有泥沙；我们在这里呼吸的空气刺激了我的肺。一句话，除非我们离开这儿，不然我就要死了。"

"我亲爱的儿子，既然这有关你的生命，"它的父亲答道，"那我们就马上离开这儿。"它们说完就开始行动——父子俩立刻出发去寻找一个新的家。

小马驹听说出去旅行，高兴得嘶叫起来，而老马却不那么快乐，只是安详地走着，在前面领路。它让它的孩子爬上陡峭而荒芜的高山，那山上没有牧草，就连可以充饥的东西也没有一点儿。

天快黑了，仍然没有牧草，父子俩只好空着肚子睡觉。第二天，它们几乎饿得筋疲力尽了，只吃到了一些长不高而且是带刺的灌木丛，但它们心里已十分满意。现在小马驹不再奔跑了。又过了两天，它几乎迈了前腿就拖不动后腿了。

老马心想，现在给它的教训已经足够了，就趁黑把儿子偷偷带回到原来的草地。马驹一发现嫩草，就急忙地去吃。

"啊！这是多么绝妙的美味啊！多么好的绿草呀！"小马驹高兴地跳了起来，"哪儿来的这么甜这么嫩的东西？父亲，我们不要再往前去找了，也别回老家去了——让我们永远留在这个可爱的地方吧，我们就在这里安家吧，哪个地方能跟这里相比呀！"

小马驹这样说，而它的父亲也答应了它的请求。天亮了，小马驹突然认出了这个地方原来就是几天前它离开的那片草地。它垂下了眼睛，非常羞愧。

老马温和地对小马驹说："我亲爱的孩子，要记住这句格言：幸福其实就在你的眼前。"

熟悉的地方没风景，仆人的眼里没伟人。太多的美好与幸福，往往令沉浸在其中的人们觉察不到。曾经在报上看过一幅名为《福在哪里》的漫画，画上画着一个大大的"福"字，一个人站在"福"字的"口"中向外张望，嘴里问："福在哪里？"福在哪里呢？他真是身在福中不知福啊。

为什么一定要等到所爱的人离去，人们才会想起他（她）的美好？为什么一定要父母驾鹤西行，人们才会想起他们的慈爱？静下心来，好好体会一下那些如空气般环绕在你周围却被你忽略的幸福吧！

第二章　选择好心情，拥抱幸福

有一天，一个朋友慌慌张张地跑来对美国作家爱默生说："预言家说，世界末日就在今晚！"

爱默生望着他，平静地回答："不管世界变成如何，我依旧照自己的方式过日子。"

爱默生的回答十分耐人寻味，是面对动荡不羁的人生最聪明的一种办法，如果大家都抱着这样的生活哲学过日子，便能得到真正的快乐。

爱默生的生活态度，说明在世上想要享受真正的生活，一定不要存得失之心，否则我们就会被患得患失的焦虑所笼罩，感到人生净是狂风暴雨而无风和日丽的美好时光。

退一步说，就算哪天世界末日真的会降临到你的身上，你也无须担心。因为世界末日只会来一次，而现在世界末日也还没来，更重要的是，你我都不会活着记得它的到来，不是吗？

就像某位哲人所说的："我们不需要恐惧死亡，因为事实上我们永远不会碰到它。只要我们还在这儿，它就不会发生，当它发生时，我们就不在这儿了，所以恐惧死亡是没有意义的。"

如果连死都不用怕，那你还怕什么？

会发生的终究会发生，该来的总是会来，一个下雨的早晨，即使再多的公鸡也叫不出太阳。与其呐喊，抱怨老天，何不来个雨中漫步，给自己一份悠闲与浪漫？

人是伟大的，也是渺小的。人可以改变一些事物，但对自然灾害却无能为力，譬如火山的喷发、地震泥石流。当无可避免的灾难来临时，与其绝望和疯狂，不如平平静静地面对，拥抱幸福，哪怕是最后一秒。

威廉·费德说："舒畅的心情是自己给予的，不要天真地奢望别人的赏赐；舒畅的心情是自己创造的，不要可怜地乞求别人的施舍。"如果自己的愉悦完全掌握在别人手里，几乎没有人会感到幸福。我的心情，我做主！

◆ 保持幸福的习惯

一天清晨，在一列老式火车的卧铺车厢中。有5个男士正挤在洗手间里洗脸。经过了一夜的休息，隔日清晨通常会有不少人在这个狭窄的地方做一番漱洗。此时的人们多半神情漠然，彼此间也不交谈。

就在此刻，突然有一个面带微笑的男人走了进来，他愉快地向大家道早安，但是却没有人理会他的招呼。之后，当他准备开始刮胡子时，竟然自若地哼起歌来，神情显得十分愉快。他的这番举止令一些人感到极度不悦。于是，有人冷冷地、带着讽刺的口吻对这个男人问道："喂！你好像很得意的样子，怎么回事呢？"

"是的，你说得没错。"男人如此回答道，"正如你所说的，我是很得意，我真的觉得很愉快。"然后，他又说道："我是把使自己觉得幸福这件事，当成一种习惯罢了。"

后来，在洗手间内所有的人都把"我是把使自己觉得幸福这件事，当成一种习惯罢了"这句深富意义的话牢牢地记在了心中。

事实上，这句话确实具有深刻的哲理。不论是幸运或不幸运的事，人们心中习惯性的想法往往占有决定性的影响地位。有一位名人说："心情阴霾的人日子都是愁苦，心情欢畅者则常享丰筵。"这段话的意义是告诫世人设法培养愉快之心，并把幸福当成一种习惯，那么，生活将是一连串的欢宴。

一般而言，习惯是生活的累积，是能够刻意造成的，因此人人都能掌握创造幸福的力量。

养成幸福的习惯，主要是凭借思考的力量。首先，你必须拟定一份有关幸福想法的清单，然后，每天不停地思考这些想法。其间若有不幸的想法进入你的心中，你得立即停止，并将之设法摒除掉，尤其必须以幸福的想法取而代之。此外，在每天早晨醒来后，不妨先在床上舒畅地想一想，然后静静地把有关幸福的一切想法在脑海中重复思考一遍，同时在脑中描绘出一幅今天可能会遇到的幸福蓝图。如此一来，不论你面临什么事，这种想法都将对你产生积极的作用，帮助你面对任何事，甚至能够将困难与不幸转为幸福。相反，倘若你一再对自己说："事情是不会进行得顺利的。"那么，你便是在制造自己的不幸，而所有关于"不幸"的形成因素，不论大小都将围绕着你。

因此，每一天都保持着幸福的习惯，是件相当重要的事。

心情阴霾的人日子都是愁苦，心情欢畅者则常享丰筵。

◆ 不要太在意别人的看法

有天下午，周艳正在弹钢琴，7岁的儿子走了进来。他听了一会儿说："妈，你弹得不怎么动听！"

不错，是不怎么动听，许多人听到她的演奏都会退避三舍，不过周艳并不在乎。多年来，周艳一直就这样不动听地弹着。她弹得很开心。

周艳也曾热衷于不动听的歌唱和不耐看的绘画，从前还自得其乐于蹩脚的缝纫。周艳在这些方面的能力不强，但她不以为耻，因为她不是为他人而活着，她认为自己有一两样东西做得不错就足够了。

生活中我们常常很在意自己在别人的眼里究竟是一个什么样的形象。因此，为了给他人留下一个比较好的印象，我们总是事事都要争取做得最好，时时都要显得比别人高明。在这种心理的驱使下，人们往往把自己推上了一个永不停歇的痛苦循环。

事实上，人生活在这个世界上，并不是一定要压倒他人，也不是为了他人而活着。人活在世界上，所追求的应当是自我价值的实现以及对自我的珍惜。不过值得注意的是，一个人是否能实现自我，并不在于他比别人优秀多少，而在于他在精神上能否得到幸福和满足。只要你能够得到他人所没有的幸福，那么即使表现得不出众也没有什么。在这方面，许多人都应向周艳学习。

我们都在沟里，但有些人却在看星星。

◆ **善于发现生活之美**

一群喜好喝茶的老人，闲来无事，定期邀约品茗话家常。大家的乐趣之一，是找出各式各样昂贵的好茶，以满足口欲。

某次，轮到最年长的一位做东，他以隆重的茶道接待大家，茶叶是从一个高级昂贵的金色容器中取出来的，放在一只只价值非凡的杯子里，橙黄的茶水倒入其中，如同金液般美丽。人人都对当天的茶赞不绝口，并要求其公开调配的秘方。

长者悠然自得地应道："各位茶友，你们如此赞赏的茶，是我刚刚从杂货店买来的，是一般人所喝的最普通最便宜的茶叶。生活中最好的东西，是既不昂贵，也不难获得的。"

罗丹说："美是到处都有的，对于我们的眼睛，不是缺少美，而是缺少发现。"

历史学家维尔·杜兰特希望在知识中寻找快乐，却只找到幻灭；他在旅行中寻找快乐，却只找到疲倦；他在财富中寻找快乐，却只找到纷乱忧虑；他在写作中寻找快乐，却只找到身心疲惫。有一天，他看见一个女人坐在车里等人，怀中抱着一个熟睡的婴儿。一个男人从火车上走下来，走到那对母子身边，温柔地亲吻女人和她怀中的婴儿，小心翼翼地不敢惊醒他。然后，这一家人开车走了，留下杜兰特深思地望着他们离去的方向。他猛然惊觉，快乐其实很简单，日常生活的一点一滴都蕴藏着快乐。

我们大多数人一生中不见得有机会可以赢得大奖，如诺贝尔奖或奥斯卡奖，大奖总是留给少数精英分子。理论上说，每个自由地区出生的孩子都有当上总统的机会，但是实际上我们大多数人都会失去这个机会。

不过我们都有机会得到生活的小奖。每一个人都有机会得到一个拥抱，一个亲吻，或者只是一个就在大门口的停车位！生活中到处都有小小的喜悦，也许只是一杯冰茶，一碗热汤，或是一轮美丽的落日。更大一点的单纯乐趣也不是没有，生而自由的喜悦就够我们感激一生。这点点滴滴都值得我们细细去品味，去咀嚼。也就是这些小小的快乐，让我们的生命更可亲，更可眷恋。

　　心灵澄澈才会灵动，因灵动而产生轻松、美妙的韵律，这是一种奇特的透射能量，能穿越光怪陆离的霓虹与灯红酒绿，穿越红尘沉浮与大悲大喜，化解喧嚣于无形之中。放飞心灵的自由，我们才能在轻松的心境下收获更多。

◆ 多给生活做减法

　　我最近遇到一个人，他花了好几千元买了一把特殊的按摩椅，坐在上面，可以按摩上半身。他还买了一台高科技跑步机，可以让全身肌肉放松和运动。结果他居然告诉我，过去一年来这些东西他用了不到5次，因为他没有时间用。究竟是什么东西使我们生活充实而丰富？答案不在我们所拥有的按摩椅、跑步机上，而是在我们体会快乐的简单能力上，这能力随处可得，根本不用花钱。一名哲人曾说过："没有什么科技的发展可以带来永久的快乐。与科技发展相当的心灵拓展，总是被忽略。"

　　当人在物质方面的要求越少时，精神方面的收获会越多。爱默生曾说："快乐本身并非依财富而来，而是在于情绪的表现。"当我们从生活的各个角度去体验人生，当我们开始了解到自以为需要的东西其实很多都是不必要的时候，就可以轻轻松松地发现，其实拥有现有的东西就可以很快乐了。

　　在一个偏远、宁静的小村庄，那里的人们对一朵花的赞赏，比对一件金光闪闪的珠宝还多。一次夕阳西下的美景，比一场晚宴还有价值。

他们宁可在村子里随心所欲地散步，也不愿去上什么健美舞蹈班。在空气清新的户外读书，也比到美容院做美容更容易保持年轻！他们重视的是简单生活的欢乐，而不是会让他们远离夕阳、远离新鲜空气、远离笑声的事业。

◆ 做让自己高兴的决定

有位非常没主见的女人，正在烦恼该穿哪一套衣服参加晚宴。于是，她找了两位朋友一起商讨。

一位朋友说："我的先生头发白，所以我会穿白色礼服赴宴，这样比较搭配。"

另一位朋友说："我想我会穿黑色的去，因为我先生的头发还很黑。"

"糟糕！那我该怎么办呢？"这个女人面有难色地说，"我先生是秃头，难道我要光着身子去赴宴？！"

这虽是一则笑话，但也引人深思。我们常会问："我该怎么做？"却很少问："什么才是我想做的？"

你想穿某件衣服，做某个选择，难道不是为了使自己舒服、高兴而决定的吗？

这就像去餐厅点菜一样，你必须根据自己的口味及胃口来决定菜单，别人的喜好并不等于你的，也无法代替你决定。对不对？

成天为别人而活的人，不累死也会愁死。

所谓内心的快乐，是一个人过着健全的、正常的、和谐的生活所感到的快乐。

◆ 不后悔过去，不惧怕将来

一个年轻人离开故乡，去远方开创自己的一片新天地。少小离家，云山苍苍，心里难免有几分惶恐。他动身前的最后一件事是去拜访本家族的族长，请求指点。

老族长正在临帖练字，他听说本族有位后生要开始踏上人生的旅途，就随手写了"不要怕"三个字，然后抬起头来，望着前来求教的年轻人说："孩子，人们的秘诀只有6个字，今天先告诉你3个字，够你半生受用。"

20多年后，这个从前的年轻人已过中年，有了一些成就，也添了很多心事，归程日短，返乡情切，他又去拜访那位族长。

他到了族长家里，才知道老人家几年前已经去世。家人取出一个密封的封套对他说："这是老先生生前留给你的，他说有一天你会回来。"还乡的游子这才想起来，20多年前他在这里听到的只是人生的一半秘诀，拆开封套，里面赫然又是3个字："不要悔"。

对了，人生在世，中年以前不要怕，中年以后不要悔，这是经验的提炼，智慧的浓缩，好心情的保障。

如果容许我再过一次人生，我愿意重复我的生活；我不后悔过去，不惧怕将来。

◆ 适时降低期望

亚伯拉罕·林肯曾说过一个非常动人的故事。有个铁匠把一根长长的铁条插进炭火中烧得通红，然后放在铁砧上敲打，希望把它打成一把锋利的剑。但打成之后，他觉得很不满意，又把剑送进炭火中烧得透红，取出后再打扁一点儿，希望它能做种花的工具，但结果亦不如意。就这样，他反复把铁条打造成各种工具，却全都失败了。最后，他从炭火中拿出火红的铁条，茫茫然不知如何处理。在无计可施的情形下，他把铁条插入水桶中，在一阵咝咝声响后说：

"唉！起码我也能用根铁条弄出咝咝的声音。"

如果我们都有故事中铁匠的心胸，能适当调整自己的期望值，还有什么失败和挫折能够伤害我们呢？

安徒生有一则名为《老头子总是不会错》的童话故事。

有一对清贫的老夫妇，有一天他们想把家中唯一值点儿钱的一匹马拉到市场上去换点儿更有用的东西。老头牵着马去赶集了，他先与人换得一头母牛，又用母牛去换了一只羊，再用羊换来一只肥鹅，又把肥鹅换了母鸡，最后用母鸡换了别人的一口袋烂苹果。

在每次交换中，他都想着要给老伴一个惊喜。

当他扛着大袋子来到一家小酒店歇息时，遇上两个英国人。闲聊中他谈了自己赶集的经过，两个英国人听后哈哈大笑，说他回去准得挨老婆子一顿揍。老头子坚称绝对不会，英国人就用一袋金币打赌，两个英国人于是和老人一起回到老头家中。

老太婆见老头子回来了，非常高兴，她兴奋地听着老头子讲赶集的经过。每听老头子讲到用一种东西换了另一种东西时，她都充满了对老头的钦佩。

她嘴里不时地说着："哦，我们有牛奶了！"

"羊奶也同样好喝。"

"哦，鹅毛多漂亮！"

"哦，我们有鸡蛋吃了！"

最后听到老头子背回一袋有点腐烂的苹果时，她同样不愠不恼，大声说："那我们今晚就可以吃到苹果馅饼了！"

结果，英国人输掉了一袋金币。

从这个故事中我们可以领悟到：不要为失去的一匹马而惋惜或埋怨生活，既然有一袋烂苹果，就做一些苹果馅饼好了。适时调整、降低自己的期望值，生活就会妙趣横生、和美幸福，而且只有这样，你才可能获得意外的收获。

世界并不缺少美，只缺少发现美的眼睛以及感受美的心灵。

◆ 一千个微笑的理由

小时候，我和伙伴们喜欢玩斗陀螺的游戏。说老实话，他们斗得很好，我也斗得不错。斗陀螺很精彩，两个抽得飞旋的陀螺猛然相撞，飞舞着分开，在地上画着美丽的弧线。

不用说，斗陀螺是壮观的，执鞭的颇有些自豪，而我却不能感受这一种殊荣。

我是左撇子，打出的陀螺是反转，与他们的正转一撞就死，丝毫画不出流畅的弧线来。伙伴们揶揄甚而戏弄我，没人与我一起玩。

我受不了，执着鞭子哭着去告诉父亲："爸爸，没人跟我玩，我的陀螺总是反转。"

父亲一把将我搂在怀里，抚着我头上的黄头发对我说："反转，不是你的错。孩子，没人跟你玩，你自己一个人玩好了。"

现在想起来，父亲那时看似平平常常的一句话，简直是在阐述一个真理。只是在今天，我才深刻地感受到了。我知道，我会做一些别人无法接受的事，我可能被某些人承认与理解，也可能在某些时候被误解，但不可能在所有的时候被所有的人承认与误解。

如果你没错，却没有人跟你玩，千万不要悲伤，你可以选择自己跟自己玩。

如果生活给你一百个哭泣的理由，那么，你就给他一千个微笑的理由。

◆ 享受必要的独处时光

当我们学会了优雅地生活时，就会有一种甜蜜、温柔的感受穿透全身，整个人轻松了起来。享受必要的独处时光，是优雅生活的必要条件。如果长期没有独处并自我充实，人就会变得很烦躁。

很多人之所以在压力下还能够保持优雅的态度，都要归功于他们能够很小心地护卫他们的自由和独处时间。请你从现在起，每天早上抽出15分钟时间作为独处的开始，你会发现，15分钟的效果相当惊人。我们都需要地方让自己完全放松。你可以找个让你觉得舒服的地方，如浴室、阳台，或是出门到附近的公园、图书馆，好好度过你的独处时间，只有你发现了真实的自我，才能体会到自己真正活着。

独处，会让我们卸除在与人接触时所戴的面具，让我们恢复恬静自然的赤子之心。在繁忙、拥塞、交际频繁的现代社会，想偶尔拥有完全独处的机会，如同钻石般的难得。

林白夫人曾说过："生活中重要的艺术在于学习如何独处。"

独处是与外界不重要的、肤浅的事物隔离，为的是寻觅内在的力量。这种内在的心灵力量将可以使我们的精力充沛，品格提升。一个人如果只是孤寂地隐退，而未发掘内在的力量，那么他的生活便不会达到最完善的境界。

每个时代的圣哲与天才，都能从孤寂中获得极丰富的灵感，每个人也都可以从短暂的孤寂中有所收获。不过，我们不必刻意为了争取独处的时刻，而让自己的行为显得怪僻偏颇。

其实，想要享受孤独的时光，平时不妨独自在寂静的小道散一会儿步，或早晨早起一小时，独自欣赏破晓天明的绚丽景观，或在公园小椅上闲坐片刻，或骑车在郊区慢慢地兜风。生活再怎么忙碌，片刻的悠闲时光总是会有的。何不用这片刻的悠闲，给我们的心情放个假。

独处会让我们停下来好好分析自己的烦愁，然后想出办法加以驱除。

不要怕孤寂。假使你害怕孤寂，那么一定要检讨自己，因为那代表你的心灵出了毛病。

记住要设法让自己停下来，找时间走进心灵深处，与真实的自己共处，也许你会有惊喜，因为你碰到了一个又好又上进的知心朋友，那就是你自己！

体验独处比任何事都重要，你需要坚持拥有这宁静的时间，然后问自己有什么感觉，再倾听你自己的回答。如果你正在进行什么重要的事，也请你停下来休息一下。

◆ 开心有千千万万个理由

从前人们碰到一起，打招呼时就说：吃了吗？

后来改成了：你好！

今天相逢，在相当一部分人口中，又变成了：开心点儿！

由物质到精神，关怀的内容发生了本质的变化。

然而，开心的理由呢？在对一些女士的调查中，所得到的回答各不相同。

一位老太太，腿脚已经很不好了，还坚持在景山公园的台阶上，一级一级地往上蹭。她脸上阳光灿烂：这是我每天最开心的事呀。

一个女孩，整天忙碌在办公室，无非打印个文件，收发信件，很琐碎，看似平淡无奇。可一到休息日，她就闲得慌，因而总唠叨说：工作能使我开心。

一个操劳了一辈子的母亲，不穿金，不戴银，不吃补品，每日辛劳不辍，笑呵呵回答儿女们的是：全家平平安安比什么都让我开心。

一个下岗女工：谁能给我一份工作，我可就开心死了。

一个小保姆：主人家信任我，不见外，我就觉得开心。

一个小女生：哎呀呀，星期天早上能让我睡够了，最开心！

生活是世界上最难的一道题，复杂得永远解不开。可是生活又简单得只要有一颗透明的水滴、一首诗、一支歌、一朵小花、一片绿叶、一只小动物……就能让我们开心得如仙般飘飘然起来。

人心是自然界最深不可测的欲海，有了电视机，还想要电冰箱、洗衣机、手机、空调、汽车、房子、别墅……然而，人心也是最容易满足的乖孩子，一句宽心的话，一张温暖的笑颜，一个会心的眼神，一声真诚的问候，一个善良的祝福……就能成为一根棒棒糖，一颗开心果，能一直香甜到我们心里，使我们回到开心的童年，像小鸟一样叽叽喳喳地唱不够。

流行歌曲中有唱："一千个伤心的理由……"如果你真的有一千个伤心的理由，请别忘了你还有一万个开心的理由。

开心的理由有千千万万，关键是会不会给自己找一个。

◆ 不要让别人决定自己的生活

有一个人一直管不好自己的钥匙，经常不是弄丢了，就是忘了带，要不就是反锁在门里。后来他想老是撬开门也不是个办法，所以配钥匙时便多配了一把，放在隔壁邻居家。他以为这下可以无忧无虑了。没想到有一天他又忘了带钥匙，恰好隔壁的人也都出去办事了，于是他又吃了闭门羹，后来他干脆又在另一边邻居那里也放了钥匙。当他在外边存放的钥匙越多，他对自己的钥匙也就管理得越松懈，为保险起见，他干脆在所有可以拜托的邻居家都存放了钥匙，但最后就变成——有时候，他的家所有的人都进得去，却只有他进不去，因为所有的人手中都有他家的钥匙。

他家的那扇门锁住的，其实就只有他自己而已。

以上这个故事，很耐人寻味。在现实生活中放弃自己的权利，让别人来决定自己生活的人实在不少。他们把自己求学、择业、婚姻……

心情是一种选择

所有的问题通通托付给他人，失去了自我追求、自我信仰，也就失去了自由，最后变成了一个毫无价值的人。人生最大的损失，莫过于失掉自信。

另外还有一个故事，有一位画家把自己的一幅佳作送到画廊里展出，他别出心裁地放了一支笔，并附言："观赏者如果认为这画有欠佳之处，请在画上做上记号。"结果画面上标满了记号，几乎没有一处不被指责。过了几天，这位画家又画了一张同样的画拿去展示，不过这次附言与上次不同，他请每位观赏者将他们最为欣赏的妙笔都标上记号。当他再取回画时，看到画面又被涂满了记号，原先被指责的地方，却都换上了赞美的标记。

这位画家丝毫不受他人的操纵，充满了自信。

以上两个故事里的主角，他们的所作所为，反映了两种不同的思维方式，两种不同的心态和两种不同的结果。前者是失败的思绪方式，自卑的心态，必然会产生可悲的结果。后者是成功的思维方式，充满自信的心态，必然会产生成功的结果。

前者过高地估计他人，而过低地看待自己，完全认识不到自己拥有无限的能力和可能性。越是这样，越是跳不出自己的思维模式；越是跳不出自己的思维模式，就越觉得自己不行；越觉得自己不行，就必然想要依赖他人，受他人的操纵。如此这般，每失败一次，自信心就会受到一次伤害，久而久之，一切就会按照别人的意见行事，一切就会让别人来操纵，可悲的事自然就会接踵而来。后者因为用正确的观点评价别人和看待自己，所以在任何情况下，都不会迷失自己，受他人操纵。

充满自信的人，情绪表现相当稳定。即使在困境当中，仍能保持高昂的情绪，在顺境当中更是勇往直前。

◆ 学会拒绝

一个虔诚的信徒向大师请示开悟。大师叫他先建一座庙，信徒马上照办。庙盖好了，大师不满意，叫他拆掉重新盖。信徒照办了。大师仍不满意，叫他再拆掉重盖，信徒毫无怨言地照办了。如此反反复复，信徒盖好了第20座庙，大师又要他拆掉，信徒忍不住说："你自己去拆吧！大师！"

"现在你终于开悟了。"大师说。

有一位伟人曾经这样说："超越某个限度之后，宽容便不再是美德。"

一点儿都没错。我们之所以常把日子过得一团糟，即是因为我们容忍着说了太多次的"好"，而不懂得说"不"。

太忙于做好人，以致找不出时间去做好事。这就是问题所在。这种人生也就是不完美的人生。

曾听朋友帆讲过这样一个故事。

帆刚参加工作不久，姑妈来到北京看他。帆陪着姑妈在天安门转了转，就到了吃饭的时间。

帆身上只有200元钱，这已是他所能拿出招待对他很好的姑妈的全部资金。他很想找个小餐馆随便吃一点儿，可姑妈却偏偏相中了一家很体面的餐厅。帆没办法，只得随她走了进去。

两人坐下来后，姑妈开始点菜，当她征询帆意见时，帆只是含混地说："随便，随便。"此时，他的心中七上八下，放在衣袋中的手紧紧抓着那仅有的200元钱。这钱显然是不够的，怎么办？

可是姑妈一点儿也没在意帆的不安，她不住口地夸着这儿可口的饭菜，可怜的帆却什么味道都没吃出来。

最后的时刻终于来了，彬彬有礼的侍者拿来了账单，径直向帆走来，帆张开嘴，却什么也没说出来。姑妈温和地笑了，她拿过账单，把钱给了侍者，然后盯着帆说："孩子，我知道你的感觉，我一直在等你说不，可你为什么不说呢？要知道，有些时候一定要勇敢坚决地把这个字说出来，这是最好的选择。"

勇敢地说"不"，才能活出人生的真实、潇洒、从容与惬意！

垃圾桶从来不懂拒绝，一个不懂得拒绝的人，其实质就是一个什么都收下的垃圾桶。

◆ 到底追求的是什么

在一片美丽的海岸边，有一个商人坐在一个小渔村的码头上，看着一个渔夫划着一艘小船靠岸，小船上有好几尾大黄鳍鲔鱼。这个商人对渔夫捕了这么多鱼恭维了一番，便问他要多少时间才能捕这么多？渔夫说，一会儿工夫就捕到了。商人再问，你为什么不待久一点儿，好多捕一些鱼？渔夫回答：这些鱼已经足够我一家人生活所需啦！商人又问：那么你一天剩下那么多时间都在干什么？

渔夫说：我呀？我每天睡到自然醒，出海捕几条鱼，回来后跟孩子们玩一玩，睡个午觉，黄昏时，晃到村子里喝点小酒，跟哥们儿玩玩、侃侃大山，我的日子可过得充实又忙碌呢！

商人不以为然，帮他出主意，他说：我是一个成功的商人，我建议每天多花一些时间去捕鱼，到时候你就有钱去买条大一点儿的船。自然你就可以捕更多鱼，再买更多的渔船，然后你就可以拥有一个渔船队。到时候你就不必把鱼卖给鱼贩子，而是直接卖给加工厂，或者你可以自己开一家罐头工厂。如此你就可以控制整个生产、加工处理和销售。然后你可以离开这个小渔村，搬到大城市，在那里经营你不断扩充的企业。

渔夫问：这要花多少时间呢？

商人回答：15～20年。

渔夫问：然后呢？

商人大笑着说：然后你就可以在家坐享清福啦！

渔夫追问：然后呢？

商人说：到那个时候你就可以退休了！你可以搬到海边的小渔村去住。每天悠闲地睡到自然醒，出海随便捕几条鱼，跟孩子们玩一玩，再睡个午觉，黄昏时，晃到村子里喝点小酒，跟哥们儿侃侃大山。

商人的话一落音，连自己也窘迫了。他红着脸，在渔夫意味深长地注视下识趣而退。

聪明商人的所谓建议，只不过是要渔夫花几十年的时间，去换取一份悠闲的生活罢了——而这份生活，渔夫本来就拥有！

静下心来想一想，我们忙忙碌碌，到底追求的是什么呢？如果你追求的是一种波澜壮阔的生活，你完全可以按照商人的建议去做；但如果你追求的是一种明净淡泊的生活，为什么要付出那么多？

淡泊明志，宁静致远。终日为蝇头小利处心积虑，不仅会丧失做人的乐趣，也会丧失别人对你的好感。

◆ 丢掉多余的包袱

大卫是纽约一家大报社的记者，由于工作的缘故，经常在外地跑。一天，他又要赴外地采访，像往常一样，收拾好行李，一共3件。一个大皮箱装了几件衬衣、几条领带和一套讲究的晚礼服。一个小皮箱装采访用的照相机、笔记本和几本工具书。还有一个小皮包，装一些剃须刀之类的随身用品。然后，他像往常一样和妻子匆匆告别，奔向机场。

工作人员通知他，他要搭乘的飞机因故不能起飞，他只好换乘下一班飞机。在机场等了两个多小时，他才搭上飞机。

飞机起飞时，他像往常一样，开始计划到达目的地的行程安排，利用短暂的时间做好采访前的准备。正当他绞尽脑汁地投入工作时，飞机突然剧烈地震荡了一下，接着，又是几下震荡，他的第一个反应是：遇到了故障。

空中小姐告诉大家系好安全带，飞机只是遇到气流，一会儿就好了。大卫靠在座椅上，也许是出于职业敏感，从刚才的震荡中，他意识到飞机遇到的麻烦不像空中小姐说的那么简单。

果然，飞机又接连几次震荡，而且越来越剧烈。广播里传来空中小姐的声音，这次，其他乘务员也站在机舱里，告诉大家飞机出了故障，已经和机场取得联系，设法安全返回。现在，飞机正在下落，为了安全起见，乘务员要求乘客把行李扔下去，以减轻飞机的重量。

大卫把自己的大皮箱从行李架上取下来，交给乘务员扔下去，又把随身带的皮包交出去。飞机还在下落，大卫犹豫片刻，才把小皮箱取下扔出去。这时，飞机下落速度开始减慢但依然在下落，机上的乘客骚动起来，婴儿开始哭叫，几个女人也在哭泣。

大卫深深地吸了一口气，尽量使自己保持平静，但想起妻子，早晨告别时太匆忙，只是匆匆地吻了一下，假如他们就此永别，这将是他终生的遗憾。他把随身的皮夹、钢笔、小笔记本掏出来，匆匆给妻子写下简短的遗书："亲爱的，如果我走了，请别太悲伤。我在一个月前刚买了一份意外保险，放在书架上第一层那几本新书的夹页里，我还没来得及告诉你，没想到这么快就会用上。如果你从我身上发现这张纸条，就能找到那张保险单的，原谅我，不能继续爱你。好好保重，爱你的大卫。"

大卫以最大的毅力驱除内心的恐惧，帮助工作人员安慰那些因恐惧而恸哭的妇女和儿童，帮着大家穿救生衣。在关键时刻，越是冷静危险就越小，生还的可能就越大。

最后的时刻终于到了，大卫闭上眼睛在一阵刺耳的尖叫混合着巨大的轰隆声中，他感到一阵撞击，他在心中和妻子、亲人做最后的告别。

不知过了多长时间，大卫睁开眼睛，发现自己还活着，而周围一片哭喊。他一下跳起来，眼前的一切惨不忍睹，有的倒在地上，有的在流血，有的在痛苦地呻吟，他连忙加入救助伤员的队伍中。

当妻子哭着向他奔来时，他还抱着不知是谁的孩子。这一回，他长长地吻着早晨刚刚别离却仿佛别离一世的妻子。

那一次，只有1/3的乘客得以生还，而大卫竟毫发无损。当然，他损失了3件行李，损失了一次采访好新闻的机会，不过，他上了纽约各大报纸的头版。

其实，许多时候人生并不需要太多的行李，只要一样就够了：爱。

人生减省几分，便超脱几分。

◆ 心无挂碍，何愁没有快乐

有一个富翁背着许多金银财宝，到远处去寻找快乐。可是走过了千山万水，也未能寻找到快乐，于是他沮丧地坐在山道旁。一樵夫背着一大捆柴草快乐地唱着歌从山上走下来，富翁说："我是个令人羡慕的富翁。请问，为何没有快乐呢？"

樵夫放下沉甸甸的柴草，舒心地揩着汗水："快乐很简单，放下就是一种快乐！"富翁顿时开悟：自己背负着那么重的珠宝，老怕别人抢，总怕别人暗算，整天忧心忡忡，快乐从何而来？于是富翁将珠宝、钱财接济穷人，专做善事，慈悲为怀。这样滋润了他的心灵，他也尝到了快乐的味道。

"放下"是一个开心果，是一粒解烦丹，是一道欢喜禅。只要你心无挂碍，干什么都能想得开、放得下，心中何愁没有快乐的春莺在啼鸣，何愁没有快乐的泉溪在歌唱，何愁没有快乐的白云在飘荡，何愁没有快乐的鲜花在绽放！

不断用奢望之鞭去驱赶自己的人，身上注定要伤痕累累。

第三章　如何让自己获得好心情

从前，在威尼斯的一座高山顶上，住着一位年老的智者，至于他有多么的老，为什么会有那么多的智慧，没有一个人知道。人们只是盛传他能回答任何人的任何问题。有两个调皮的小男孩不以为然，甚至认为可以愚弄他，于是就抓来了一只小鸟放在手心，一脸诡笑地问老人："都说你能回答任何人提出的任何问题，那么请你告诉我，这只鸟是活的还是死的？"老人想了想，完全明白这个孩子的意图，便毫不迟疑地说："孩子啊，如果我说这鸟是活的，你就会马上捏死它；如果我说它是死的呢，你就会放手让它飞走。孩子，你的手掌握着生杀大权啊！"

同样地，我们每个人都应该牢牢地记住这句话，每个人的手里都握着左右心情好坏的大权。

一位朋友讲过他的一次经历："一天下班后我乘中巴回家，车上的人很多，过道上站满了人。站在我面前的是一对恋人，他们亲热地互相挽着，那女孩背对着我，她的背影看上去很标致，高挑、匀称、活力四射，她的头发是染过的，是最时髦的金黄色，穿着一条最流行的吊带裙，露出香肩，是一个典型的都市女孩，时尚、前卫、性感。他们靠得很近，低声絮语着什么。女孩不时发出欢快的笑声，笑声不加节制，好像是在向车上的人挑衅：你们看，我比你们快乐得多！笑声引得许多人把目光投向他们，大家的目光里似乎有艳羡。不，我发觉他们的眼神里还有一种惊诧，难道女孩美得让他们吃惊？我突然有一种想看看女孩的脸的冲动，想要看看那张洋溢着幸福的脸是何等精致与美丽。但女孩没回头，她的眼里只有她的情人。

"后来，他们大概聊到了电影《泰坦尼克号》，这时那女孩便轻轻地哼起了那首主题歌，女孩的嗓音很美，把那首缠绵悱恻的歌处理得很到位，虽然只是随便哼哼，却有一番特别动人的力量。我想，只有足够幸福和自信的人才会在人群里肆无忌惮地欢歌。这样想来，便觉得心里酸酸的，像我这样从内到外都极为自卑的人，何时才会有这样旁若无人的欢乐歌声？

"很巧，我和那对恋人在同一站下了车，这让我有机会看到女孩的脸，我的心里有些紧张，不知道自己将看到一个多么令人悦目的绝色佳人。可就在我大步流星地赶上他们并回头观望时，我惊呆了，我也理解了在此之前车上那些惊诧的眼睛。我看到的是张什么样的脸啊！那是一张被烧坏了的脸，用'触目惊心'这个词来形容毫不夸张！真搞不清，这样的女孩居然会有那么快乐的心境。"

朋友讲完他的故事后，深深地叹了口气感慨道："上帝真是公平的，他不但把霉运给了那个女孩，也把好心情给了她！"

其实掌控你心灵的，不是上帝，而是你自己。世上没有绝对幸福的人，只有不肯快乐的心。你必须掌握好自己的心舵，下达命令，来支配自己的命运。

你是否能够对准自己的心下达命令呢？倘若生气时就生气，悲伤时就悲伤，懒惰时就偷懒，这些只不过是顺其自然，并不是好的现象。释迦牟尼说过："妥善调整过的自己，比世上任何君王更加尊贵。"由此可知，任何时候都必须明朗、愉快、欢乐、有希望、勇敢地掌握好自己的心舵。

心情的好坏，完全取决于你个人。只要愿意，任何人都可以随时按动手中的遥控器，将心情的视窗调整到幸福与快乐频道。

◆ 你就是自己心灵的船长

美国一位名叫费雷德尔的社会学家谈及人的生活艺术时指出：许多令人一筹莫展的个人问题都可以通过创造性地应用算术方法来加以解决。

"加法"——从事新活动、开辟新天地，更重要的是化生活中的限制为机会。如果你的生活存在某种内在限制，你应与之抗争，化不利为有利。残疾可以说是一个很大的限制了，但这并不可怕，坐在轮椅上为别人提供咨询服务或干点儿别的什么事儿，你就会找到自己的价值之所在，不会因为无所事事而让内心陷入空虚和绝望。

"减法"——放弃生活中已成为你的负担的东西，终止你已习惯的超负荷支出。如果你是一位精明的人，就应丢弃令你厌烦的事情，而去做另外使你感兴趣的事情。

"乘法"——扩大和他人的交往，从而扩大周围的生活接触面。失恋或丧偶了，一时的寂寞和悲伤都可以理解，但万万不可以老是这样。应该主动找周围的人聊聊天，如果再仔细地观察，你就会发现：原来你有这么多的朋友在关心着你的生活，只要你积极地交往，总能在日常生活中找到好朋友和成倍的快乐。

"除法"——把你的职责分为较易处理的几个部分，并把其中的某些部分放心地交给他人处理，这即是"会生活"，这在某种意义上就意味着做出聪明的选择和必要的妥协，从而得到更多的自由或得到更多的妥协。假如你想得到更多的空余时间、更多的自由或得到更多的帮助，那么你就应该去做一下这样的除法。

假如你内心充满乏味或孤寂，那么你可通过加法和乘法去解决；假如你终日忙忙碌碌，内心疲惫不堪，则可通过减法和除法加以改善。

我可以驾驭我的命运，不单只是与它合作，因为我能在某种程度上使它朝我引导的方向发展。我是我心灵的船长，不只是它安静的乘客。

◆ 用字眼给自己积极的暗示

我们所说的话，其实对自己的态度及心情影响也很大，不知道你是否曾注意过？

一般而言，在日常生活中所使用的字眼可以分成三类：正面的、负面的以及中性的。

先来聊聊负面的字眼，例如，"问题""失败""困难""麻烦""紧张"，等等。

如果你常使用这些负面字眼，恐慌及无助的感觉就随之而来。

国人一向谦虚为怀，与人交流是这样的。

你问他：工作怎么样？他一般答道：我这算什么，混口饭吃，哪能跟你比。你问他：收入还行吧。他答道：总算没饿死，这年头赚钱难啊。再问他：近来好吧。他答道：好啥呀，我算是过一天算一天了。又问：夫妻关系怎样？他眼角显出些许无奈：结婚那么多年了，还有什么感觉啊，不就将就着过嘛，早知如此，还不如单身呢。问之：父亲身体好吧。他大叹：别提了，三天两头去医院，我的工资还不够他看病呢，这是我的命啊。问之：你儿子肯定越来越聪明了吧。他痛苦地叹了口气：算了吧，整天不肯读书，调皮捣蛋，越来越难管教了。

人若总是用这种语言与他人交流，会让自己意志消沉，提不起精神，不敢有所为，消磨了斗志，失去人生本有的追求，最终在犹豫不决中失去了一次又一次的机会。

不同的语言会给人带来不同的心境，积极的语言会引导我们朝积极的方面思考，于是带来良好的结果。

要改造自己，首先要从自己的语言开始。

我们发现，乐观的人很少会用这些负面的字眼，他们会用正面的字眼来代替。

例如，他们不说"有困难"，而说"有挑战"；不说"我担心"，而说"我在乎"；不说"有问题"，而说"有机会"。

感觉是否完全不同了呢？

一旦开始使用正面的字眼，心中的感觉就积极起来了，就会更有动力去面对生活，不是吗？

除此之外，乐观的人也会把一些中性的字眼，变得更正面些。

例如，"改变"就是个中性字眼，因为改变有可能是好的，但也有可能越变越糟。

试试看，如果把"我需要改变"，换成"我需要进步"，这就暗示了自己是会越变越好的，心情自然就开朗起来了。

所以说话其实需要字字琢磨，只要改变你的负面口头禅，换成正面积极的字眼，你就会立刻变得积极乐观起来。

如果你感到不快乐，那么有一个快捷有效地找到快乐的方法——振奋精神，使自己的行动和言辞充满阳光，你的心里也肯定会充满阳光。

◆ 保持乐观的秘诀

戴上乐观的眼镜来看世界，说难也不难，到底秘诀在哪里？8个字：先找优点，再看缺点。

具体怎么做呢？

不知道你有没有观察过，自己对每一种人、事、物的评语，通常第一个想法是什么样的？

如果认识了一个新朋友，脑中最先浮现的念头是："这个人鼻子怎么那么大？真是丑得难看！"过一下后，才注意到："噢，不过他笑起来真甜，让人看了很舒服。"

要是你总是习惯这样对别人先挑缺点，再看到优点的话，那么就该检查一下，是否又不小心地戴上了习惯负面思考的悲观眼镜。

戴上乐观眼镜的人，则永远是先找优点，再看缺点。

所以面对同样的对象，乐观的人总是会先问自己："他有什么是让我喜欢的？"

于是乎第一个想法就出现了："哇，他笑容可掬，甜甜的，真舒服。"而也许过了一阵子之后，才会发现："只可惜鼻子稍大了些。"

感觉到其中的差别了吗？

乐观者并不是无知的盲目，他们仍然能对事情有清晰的观察，只不过他们习惯先看事情的优点，而且乐意把注意力集中在这些令人兴奋的特点上。

悲观失望者一时的呻吟与哀号，虽然能得到短暂的同情与怜悯，但最终的结果必然是遭到别人的鄙夷与厌烦；而乐观上进的人，经过长久的忍耐与奋斗，最终赢得的将不仅仅是鲜花与掌声，还有那饱含敬意的目光。

快乐生活的一个小秘诀就是，不停地给自己找些小乐子。

◆ 让抬头挺胸带出乐观的心情

美国有两位专门研究"乐观"的心理学家麦瑟和楚安尼，曾整理出了几个使心情乐观的入门技巧，不仅方法简单而且效果神速。楚安尼认为：要矫正心情之前，请先矫正身体。为什么呢？

其实人的生理及心理是息息相关的。相信你也有过这样的体验，当心情处在低潮的时候，我们往往是无精打采、垂头丧气的；而心情高昂时，自然是抬头挺胸、昂首阔步了。所以，身体的姿势的确会与心理的状态密不可分。

从另一角度来看，当一个人抬头挺胸的时候，呼吸会比较顺畅，而深呼吸则是压力管理的妙方。所以当抬头挺胸时，我们会觉得比较能够应付压力，当然也就容易产生"这没什么大不了"的乐观态度。

另外，与肌肉状态有关的信息，也会通过神经系统传回大脑。当我们抬头挺胸的时候，大脑会收到这样的信息：四肢自在，呼吸顺畅，看来是处于很轻松的状态，心情应该是不错的。在大脑做出心情愉悦的判决后，心情于是乎就更轻松了。

因此，身体的姿势的确会影响心情的状态。要是垂头，就容易感到丧气；而如果挺胸抬头，则容易觉得有生气。

请千万别小看这个简单得难以置信的方法，下次心中悲观的念头又再冒出时，赶快调整一下姿势，让抬头挺胸带出自己的乐观心情吧！

世界没有绝望的境地，只有绝望的心情。

◆ 语调的神奇之处

谈到人际沟通，有个道理极为重要：重点不在于我们说了什么，而在于我们怎么说它。

"怎么说"的部分，包括了语调、脸部表情、肢体动作，等等。

而常被人忽视的是，我们的声音其实是有表情的。同样的一句话，用不同的语调来说，传达出来的意思则可能完全不同。

不信的话，请你来试试下面的练习。

A很生气地说："你真讨人厌！"（用你最穷凶极恶的表情及声调吼出来！）

B很撒娇地说："你真讨人厌！"（请使用你最惹人怜爱的语调，拉着尾音嗲出。）

如何？感觉完全不同吧？！

然而，许多人却往往不知自己说话的语气，会很不经意地泄露出心情。

例如，有人总是在接电话时，习惯性地大吼一声："谁啊？！"就这么地发挥了"二字神功"，让电话另一端的人还没开口，就已感觉到对方的火气。

而更离谱的是，如果一听是上司打来的，马上语调一软，开始鞠躬哈腰起来："哎呀，老板，有什么吩咐吗？"心情也随之转变了。

知道了声调的神奇之后，接着想提醒你，如果想让心情变得快乐一点，请先假装你就是个开心的人，用很愉快的声音开始说话。

先假装，假装久了就有可能变成真的了。一点儿也没错，试试看吧！

◆ 改变心情的独特气味

苹果气味：可以缓解人的狂躁心情。

海水气味：容易引起人们对童年的回忆，对焦虑情绪有缓解作用。

玫瑰、茉莉、辣椒气味：有兴奋作用。

柠檬和由加利树香味：能让人提高警觉，使你不会打瞌睡（如看电视时），用在客厅较宜。

菊花香味：能为你解除一天的疲劳，适宜用在浴室和洗手间。

白芷花香味：能刺激你做家务做得更快，宜用于厨房。

薰衣草：最适宜放在床边，亦可用来做枕头，令你睡得更安稳。

玫瑰香：在恋爱中选用，能增加心情的喜悦。

水仙与莲花的幽香：令人产生脉脉温情。

紫罗兰和玫瑰香气：给人以爽朗、愉快的感觉。

橄榄花香气：提神，让人对生命产生热爱。

天竺葵的香气：使人镇静。

牡丹、茉莉花香：促使人们产生轻松美好的回忆。

桂花香气：消除疲劳。

薄荷香：使人思维清晰，乐于活动。

檀香：能治疗抑郁症和起到镇静作用，使人心宁神安。

◆ 用快乐处方做心情环保

要做好心情环保，还有一个绝招：使用"三八"快乐处方。也就是说，每天都得"三八"快乐一下。

怎么着手呢？

三乘八，一天三次，一次八分钟，请你停下忙碌的脚步，为自己准备一小段专属的快乐时光。

至于要做些什么事，由你自己说了算，任何让你高兴开心的事情都行。

喜欢音乐的你，当然就可以随时准备好酷爱的CD，让音乐来改善快要消化不良的心情。

要不，一直埋首工作的你休息一下，上网看看亲朋好友寄来的笑话，或者，干脆自己主动发一封趣味十足的电子邮件（或短信息）给别人。

这八分钟也可以用来改造工作环境，在办公室门口贴上好玩的句子，跟同事们一起分享，或者找幅令人笑破肚皮的漫画，挂在洗手间里造福大众。

冥想打坐也是个好点子，闭上眼睛深呼吸，让身心都放松，感受到另一种快乐。

另外，脑筋快打结时，坐着苦想不是办法，起来"动脑散步"吧！走一走，伸展筋骨，不但身体动了起来，心思也会活动起来，左右脑更活跃，许多问题往往走着走着，就走出解答的方法了。

相信你一定还有更好的快乐处方：唱首歌、翻照片、写情书、吃零食……都很精彩，重点是，只要能使你高兴就成了。

日子要过，心情更要快活。

别亏待自己，日子越紧张，就越要服用"三八"快乐处方，如此就再也不会为了生活，而赔上心情。

真正的快乐是内在的，它只有在人类的心灵里才能发现。

◆ 快乐其实无处不在

享受心中的快乐和幸福，实在是没有一个固定的模式，到底怎样生活才算快乐？乞讨或挨饿的人，一顿粗茶淡饭就是美味佳肴了，而养尊处优的人或许反倒食欲不佳。在骄阳下耕作的农民，到田头树荫下喝杯茶吸口烟，就是莫大的享受。终日坐在书斋中苦读的疲倦书生想依靠在床头假寐一会儿，而病卧床榻的人则希求能到花园里散步或能在运动场上跑步。

明代大文学批评家金圣叹在《西厢记》的批语中，曾写下他觉得最快乐的时刻，这是他和他的朋友于十日的阴雨连绵中，住在一所庙宇里写出来的，一共有三十三则，每则的结尾都有"不亦快哉"的感叹。在这些快乐时刻中，可以说是精神和感官紧密联系在一起的。下面选录几则：

其一：夏七月，赤日停天，亦无风，亦无云；前庭赫然如洪炉，无一鸟敢来飞。汗出遍身，纵横成渠。置饭于前，不可得吃。呼簟欲卧地上，则地湿如膏，苍蝇又来缘颈附鼻，驱之不去。正莫可如何，忽然天黑如车轴，疾澍澎湃之声，如数百万金鼓，檐溜浩于瀑布。身汗顿收，地燥如扫，苍蝇尽去，饭便得吃。不亦快哉！

心情是一种选择

其一：空斋独坐，正思夜来床头鼠耗可恼，不知其戛戛者是损我何器，嗤嗤者是裂我何书。中心回惑，其理莫措，忽见一狡猫，注目摇尾，似有所瞡，歛声屏息，少复待之。则疾趋如风，唧然一声，而此物竟去矣。不亦快哉！

其一：街行见两措大执争一理，既皆目裂颈赤，如不共戴天，而又高拱手，低曲腰，满口仍用"者也之乎"等字。其语刺刺，势将连年不休。忽有壮夫掉臂行来，振威从中一喝而解，不亦快哉！

其一：子弟背书烂熟，如瓶中泄水，不亦快哉！

其一：饭后无事，入市闲行，见有小物，戏复买之，买亦已成矣，所差者甚少，而市儿苦争，必不相饶。便掏袖下一件，其轻重与前直相上下者，掷而与之。市儿忽改容，拱手连称不敢。不亦快哉！

其一：朝眼初觉，似闻家人叹息之声，言某人夜来已死，急呼而讯之，正是——城中第一绝有心计人。不亦快哉！

其一：重阴匝月，如醉如病，朝眠不起。忽闻众鸟尽作弄晴之声，急引手搴帷，推窗视之，日光晶莹，林木如洗。不亦快哉！

其一：久欲为比丘，苦不得公然吃肉。若许为比丘，又得公然吃肉，则夏月以热汤快刀，净割头发。不亦快哉！

其一：存得三四癞疮于私处，时呼热汤关门澡之。不亦快哉！

其一：坐小船，遇利风，苦不得张帆，一快其心。忽逢舟艑舸，疾行如风。试伸挽钩，聊复挽之，不意挽之便着，因取缆，缆向其尾，口中高吟老杜"青惜峰峦过，共知橘柚来"之句，极大笑乐。不亦快哉！

其一：冬夜饮酒，转复寒甚，推窗试看，雪大如手，已积三四寸矣。不亦快哉！

其一：久客得归，望见郭门，两岸童妇，皆作故乡之声。不亦快哉！

其一：推纸窗放蜂出去，不亦快哉！

其一：作县官，每日打鼓退堂时，不亦快哉！

其一：看人风筝断，不亦快哉！

其一：看野烧，不亦快哉！

其一：还债毕，不亦快哉！

看完金圣叹的"不亦快哉"，我现在也感到了"快哉"。看来，"快哉"其实无处不在。

世界上从来不缺少美，只缺少发现美的眼及品味快乐的心。

◆ 换一个角度就可以换一种心情

林黛玉是个痴心的姑娘，钟情于贾宝玉。一天，她无意之中听到丫头雪雁在与紫鹃说悄悄话，雪雁轻轻告诉紫鹃"宝玉定亲了"。听罢，黛玉便感到一阵头晕，脸色苍白，好像被谁掷在大海里一般，跌跌撞撞回到了潇湘馆；便一病不起，一日重似一日，太医治疗，全无效果。

又一天，黛玉在昏睡中又听得雪雁与侍书在闲聊，说的又是宝玉的亲事。她俩说，宝玉没有定亲，老太太心里已经有了人了，这个人是"亲上加亲，就在园中住着"。黛玉心里寻思，这个"亲上加亲，就在园中住着"的人，莫不是自己吧，顿时心神觉得清爽了许多，病竟渐渐地好了。

黛玉的病是心病，是心理挫伤引起的病。可见心理对健康的影响之大。波涛汹涌的大海茫茫无际，一艘帆船在波峰浪谷间颠簸起伏，危在旦夕。一位年轻的水手爬向高处去调整风帆的方向，他向上爬的时候犯了一个错误，低头向下看。浪高风急使他非常恐惧，腿开始发抖，身体失去了平衡。这时一位老水手在下面大喊："向上看，孩子，向上看！"这个年轻的水手按他说的去做，重新获得了平衡，将风帆调整好了。船终于驶向了预定的航线，躲过了一场灾难。

向下看，浪高风急，向上看，天阔地宽。处在同一环境，姿势不同，结果大不一样。正如两个人同时看到桌子上放着半杯水，悲观者愁眉苦脸地说："唉！只剩下了半杯水。"乐观者喜出望外地喊："哇！还有半杯水。"

当你的心情因某些事物而不好时，不妨换个角度看问题，就可以换一种心情。

◆ 学一学狐狸的思维法

狐狸吃不着葡萄，便说葡萄是酸的。人们都嘲笑狐狸的这种"自我安慰法"。但是，狐狸不愧是聪明的动物，把得不到的东西想象成不那么好，这样便平衡了自己的心理，化心情沉重为轻松。

当前的生存环境里，也常有人仿效狐狸的心理，朋友小段便是其中的一个。都是大小差不多、学历不相上下的人，人家是几室几厅，小段只有陋室一间，有人为小段伤感，小段则说：我是懒人，房子一多，天天打扫起来岂不累人？买不起高档的时装，小段说：还是穿不起眼的便装好，出门不怕弄脏，小偷也绝不会将手指塞进自己口袋里。偶过美食街，想尝尝鲜，踏进餐馆，一看价钱，吓得掉头就跑。刚要叹气，忽又想起，生猛海鲜卫生很难保证，自己的肠胃又不太好，还是吃碗面条最牢靠。

外出回家，寒风中候了多时，不见公共汽车来，刚想"打的"，一摸口袋很惭愧。牙一咬，干脆走路好了，并告慰自己，现在抓住时机锻炼，将来老了拐杖可免。

学一学狐狸的思维法，化不愉快为愉快，何乐不为？也有人笑话"阿Q"，但阿Q也好，狐狸也罢，能给自己一个好心情最好。

天下事，岂能尽如吾意？心境须恰适，尽其在我，随遇而安。

◆ 神奇的读书疗法

古时有一秀才终日伏案振笔疾书，写完后他却病了。前去诊治的郎中因洞悉他的病原，所以并未开处方，而是拿起这位秀才的文稿念了起来，故意颠三倒四读错句子。卧床的秀才听见自己的"锦绣文章"被读得支离破碎，驴唇不对马嘴，大怒之下翻身而起，夺过文稿，高声朗读数遍，以纠郎中之错。谁料，读罢顿觉神清体舒，痛楚顿失。自此，秀才每天放声诵读诗书，病体渐渐不药而愈。

据史书记载：有一个患寒热病的人向杜甫求医，杜甫说："吾诗可以疗之。"告诉那人诵读他的名句："夜阑更秉烛，相对如梦寐。"那人在家反复诵读，可就是不见病好。于是又去请教杜甫，杜甫告诉他再换两句，反复诵读"子章髑髅血模糊，手提掷还崔大夫。"那病人诵读后，病果然好了。

古人云："清吟可愈疾。"中国诗坛很早就有读诗能治病的说法。清代著名戏剧家、养生家李渔对读书健身深有感触，他说："予生无他癖，惟好读书，忧借以消，怒借以释，牢骚不平之气借以上除。"北宋杰出的文学家欧阳修在《东斋记》中对读书能治病养生说得更具体、更生动，他说："每体之不康，则或取六经百氏若古人述作之文章诵之，爱其深博闳达雄富伟丽之说，则必茫乎以思，畅乎以平，释然不知疾之在体。"

法国杰出的语言艺术大师罗曼·罗兰对读书疗疾也有同感。他说："读有益的书，可以把我们由琐碎杂乱的现实提升到一个较为超然的境界，能以旁观者的眼光回顾自己的忙碌沉迷，一切日常引为大事的焦虑、烦忧、气恼、悲愁，以及一切把你牵扯在内的扰攘纷争，这时就都不再那么值得你认真了！"

这些名人告诉我们，常读优美感人的诗文，可以把人带入一个轻松愉快的意境，使人产生忘却一切纷扰的感觉，从而心旷神怡，心情舒畅，神清气爽。

近年来，随着医学生物学的发展，也把诵读好诗文放到了防病治病的活动中。美国心理学教授勒纳积极倡导"诗疗"的新医术，主张让病人，特别是精神病患者、心理病患者透过精选的诗歌吟读，获得感情上的支持与感染，以排遣心理上的烦恼，释放内心深处压抑已久的心理冲突。

现在有人已把诵读诗书作为一种"疗法"进行研究。他们把可用作这种疗法的书、诗分为三类，对症下"药"：一种为影响理智和思维能力的，一种为影响情绪的，还有一种为帮助了解生活意义的。有的医院为病人开设了专门的图书馆，引导患者从阅读中得到安宁、快乐，促使其早日康复。

据说在意大利的一些药店里，摆着包装像普通药品的药盒，上面会注明主治何病、禁忌什么和日服量。打开一看，里面装的并不是片剂胶囊药品，而是印制精美的诗篇，标明一个疗程要朗诵一系列，循序渐进，诗到病除。配方是由病理学家和文学家精心设计的。据说对忧郁症、精神分裂症颇有奇效。

诵读诗文时，除了上面提到的"对症下药"，还要注意站立姿势，舒展肌体，准确发音，放松情绪，摒弃俗念，集中注意力，进入美妙的超然境界，这样才能使身体内分泌出有益的激素，促进血液的循环，神经细胞的兴奋和脏器的代谢活动，达到防病治病的健身目的。

儿扶一老候溪边，来告头风久未痊。不用更求芎芷辈，吾诗读罢自然醒。

◆ 与书相伴的人生最有意义

俄国大文豪托尔斯泰酷爱博览群书。在他的私人藏书室，参观者可以看见13个书橱，里面珍藏着2.3万多册20余种语言的书籍。这些藏书为他的创作提供了大量的原始材料。据说，他喜欢把书借给别人看，与他人共享读书的快乐。

读书，是一种美丽的行为。在读书中，天上人间，尽收眼底；五湖四海，就在脚下；古今中外，醒然可观。读书，让我们懂得了什么是真、善、美，什么是假、丑、恶；读书，让我们丰富了自己，升华了自己，突破了自己，完善了自己。

寒夜孤灯，捧书卷，闻墨香，那感觉如同盛夏里吸吮冰凉的饮料，甜滋滋、凉悠悠。读书的感觉，爱读书的人所独有；读书的快乐，在求知的过程中。读书，让你品味人生的酸甜苦辣，品味生活中的各色景观。

能够读书，自然是件快乐事；能够读上一部妙书，那就更是一种幸福。但是，对于那些蝇营狗苟、急功近利之徒来说，倒也未必如此。所以，这读书的快乐也是因人而异的，就因为幸福只是一种心灵的感受。人的心灵有着不同的境界和模式，所以幸福的程度或者感受也有着相当大的差异。

人是需要读一些书的，尤其是在当今时代，一些人在生活中迷失了方向，通过读书可以把自己从物欲名利中拔出来，重新塑造美好的生活观念。古今中外名人在读书上都有极精彩的话语，唐代皮日休赞美读书的好处："惟文有色，艳于西子；惟文有华，秀于百卉。"英国剧作家莎士比亚谈道："书籍是全世界的营养品。生活里没有书籍，就好像没有阳光；智慧里没有书籍，就好像鸟儿没有翅膀。"当代作家贾平凹说得更为精彩：读书"能识天地之大，能晓人生之难，有自知之明，有预料之先，不为苦而悲，不受宠而欢，寂寞时不寂寞，孤单时不孤单，所以绝权欲，弃浮华，潇洒达观，于嚣烦尘世而自尊自强自立不畏不俗不谄"。

概括起来，读书有三大快乐。

快乐之一：我们每一个人在现实生活中的提高，都与书籍有着密切的联系。书籍是我们认识现实的桥梁，书籍使我们脱离蒙昧走向文明。通过读书我们可以上知天文下晓地理，可以穿越时间隧道去体验春秋战国时代的连绵战火，观望盛唐的繁荣；读凡尔纳、柯南道尔的科幻小说能把我们带入缥缈而又精彩的未来世界。

快乐之二：书籍是一面镜子，作者在书中表现了坚毅的品性、开阔的胸襟、积极的志向，通过阅读它们可以照见自己的缺点。日复一日地阅读下去，我们会被书籍中积极健康的内容潜移默化，逐渐形成全新的道德观念和行为准则。同时，读书是一个读者与作者交流的过程，我们在阅读中进入了作者的心灵世界，在不断汲取的同时还要学会扬弃，这样读书就变成了积极的参与。

快乐之三：书籍并不总是在于我们记住了书中的内容，更重要的是给予我们的启示。一本好书就像一个掘宝人，能开采出隐藏在我们心中的宝藏。在书里常常能发现我们所想和所感受到的，只是我们没有表达出来而已。读书唤醒我们潜在的能力，在书里我们认识了自己。

读书最快乐的境界，莫过于进入美感境地，但应该是没有功利目的的时候，并且只读自己喜欢的书。读书而且读对人有积极影响的好书是一生中的幸事，有可能从此你的世界观会有很大的不同。书是作者智慧的结晶，是对人生经过沉思后精心筛滤过的自我陈述，所以经常读书是一条完成思想成熟的捷径。

有人把一生不爱读书的人比作囚徒，他们囚幽在自我和无知的牢笼里，他们会经常地抱怨："生活淡而无味，工作周而复始。"他们一定无法感到快乐，因为他们把自己套在一成不变的生活程序里，更多地关注于利益和得失，不仅对于外界的精彩无知无觉，而且忽视了生活中的点滴快乐，这种损失是非常可怕的。

生活中我们离不开阳光空气，同样，离开书本的日子也会是最乏味的，与书相伴的人生才最有意义。懂得生活的人就会懂得书中的美妙，愿你我都珍惜读书时间。拿起心爱的书本，阅读吧。

我爱书，常常站在书架前，这时我觉得面前展开了一个广阔的世界，一个浩瀚的海洋，一个苍茫的宇宙。

◆ 音乐能给人带来信心和力量

音乐具有陶冶情操的功能。经常欣赏高雅的音乐，会给人带来信心和力量，使人奋发、向上。

古今中外许多伟人的博大精神和光辉事业，与他们喜爱音乐有很大关系。列宁小时候喜欢唱歌，在中学时代，最爱唱伏尔加民歌。在流放期间，他经常用沙哑的男中音，教身边的"政治犯"唱歌。列宁对贝多芬的《热情奏鸣曲》、柴可夫斯基的《第六交响曲》百听不厌。1913年，俄国钢琴家凯德洛夫曾在瑞士的音乐会上演出，列宁对他的演奏大为称赞，并对他说，以后有空到他寓所里听音乐。钢琴家以为这是列宁的一句客套话，没想到列宁后来果真来了。钢琴家应列宁的要求反复地弹奏了《热情奏鸣曲》，列宁屏声静气地仰靠在沙发里，沉浸在一种只有他自己才能感受到的美妙旋律境界中。后来，列宁对人说："我不知道还有比《热情奏鸣曲》更好的东西，我愿意每天都听一听，这是绝妙的、人间所少有的音乐。"

　　阿尔伯特·爱因斯坦也是一个酷爱音乐，懂得生活情趣的伟大科学家。7岁时便从母亲那儿得到一把小提琴，他非常喜欢它。他还经常站在母亲身后听她弹奏莫扎特、贝多芬的钢琴奏鸣曲。所以，他可以说是一个在音乐环境中长大的孩子。

　　爱因斯坦还十分喜爱唱歌。他常常一个人到湖泊江河上去划船，一边划，一边唱着他喜爱的歌曲。在莱茵河和日内瓦湖上都曾留下过他的歌声，也可以说，音乐艺术伴随了他的一生。

　　爱因斯坦成名后，还经常在德国、美国公开登台演奏小提琴，为慈善事业募捐。他无论到哪个国家旅行，小提琴总不离身，使得有些人不相信他是物理学教授，以为他是一个音乐家。有一次，他应邀到比利时访问，比利时国王和王后都是他的朋友，王后也是一个音乐迷，会拉小提琴。他和王后在一起合奏弦乐四重奏，合作得非常成功。爱因斯坦甚至当着国王的面对王后说："您演奏得太好了，说真的，您完全可以不要王后这个职位。"

　　音乐在爱因斯坦心中与人不同的是，他力求透过美妙的音乐旋律，去启发自己对未知的、美丽而和谐的大自然规律的探求。震惊世界的相对论，是科学发展史上划时代的里程碑。1905年的一天，他对妻子说："亲爱的，我有一个奇妙的想法。"说完此话，爱因斯坦就开始弹起钢琴，他时弹时停，忽而又猛弹了几个音节后，又自言自语地说，"这真是一个奇妙的想法。"这样一连几天他有时在楼上思考，有时下楼弹琴，半个月后，他终于写完了举世震惊的、推动历史进程的《相对论》。

以下介绍几个洗涤心灵的"音乐配方"供读者选择：

在心灵感到空虚时，可听贝多芬的《命运》、博克里尼大提琴《A大调第六奏鸣曲》、日本歌曲《拉网小调》。

在忧愁时，听西柳贝斯的《悲怆圆舞曲》、莫扎特的《b小调第十四交响曲》，待忧愁心情渐渐消除时，再听格什文的《蓝色狂想曲》。

在心情不好、情绪不定时，听贝多芬的奏鸣曲，肖邦和施特劳斯的圆舞曲。

在注意力集中不起来时，听贝多芬的《月光奏鸣曲》。

在功能性神经性食欲不佳时，听穆索尔斯基的组曲《图书展览会》及巴赫的音乐作品。

神经衰弱时，听李斯特的《匈牙利狂想曲》、比才的《卡门》。

失眠时听莫扎特的《催眠曲》、门德尔松的《仲夏夜之梦》、德彪西的钢琴协奏曲《梦》。

驱走瞌睡时听贝多芬的A大调第六交响曲《田园》第四乐章、拉威尔的管弦乐《波来罗》、普罗科菲耶夫的交响童话《彼德与狼》、圣桑的《动物狂欢节》。

音乐是苦恼的控诉处，同时也是苦恼的避难所。领悟音乐的人，能从一切世俗的烦恼中超脱出来。

第四章　好心情可以激发工作斗志

　　人生的乐趣隐含在工作当中。当你醉心于你的工作时，即使是独自一人，也会过得充实而快乐。

　　据统计，大约有80%的就业人口每天一大早起床后，就要做自己极度痛恨的工作。只为了一份微薄的薪水，却耗去了他们如此日复一日长达40年左右的大好岁月！这是一个多么令人吃惊又充满警示性的统计数字。你属于这群人中的一分子吗？如果是，在这里提醒你："千万不要让自己成为这样的人！"作家约瑟夫·康拉德认为："工作正是发现自己的机会。"如果把工作看成惩罚和痛苦，就永远实现不了自己的目标。

　　成功的人士往往把工作当成乐趣。文豪大仲马的写作速度是惊人的。他活了68岁，到晚年他的毕生著作已有1200部。他白天和他作品中的主角生活在一起，晚上则与一些朋友交往、聊天。

　　有人问他："你写了一天，第二天怎么仍有精神呢？"

　　"我不知道，你得去问一棵梅树是怎样生产梅子的吧！"

　　因为大仲马是把写作当作了乐趣，所以一点儿也不觉得累。

　　不仅是伟大的人物能把工作当成乐趣，平凡的人也能够做到这一点，只要有一个正确的观念。有个美国记者到墨西哥的一个部落采访，这天恰好是个市集日，当地土著都拿着自己的产品到市集上交易，这位美国记者看见一个老太太在卖柠檬，5美分一个。

老太太的生意显然不太好，一上午也没卖出去几个。这位记者动了恻隐之心，打算把老太太的柠檬全部买下来，以便使她能"高高兴兴地早些回家"。

当他把自己的想法告诉老太太的时候，她的话却使他大吃一惊："都卖给你？那我下午卖什么？"

卡耐基说："人生的最大生活价值，就是对工作有兴趣。"做同一件事，有人觉得做得有意义，有人却觉得做得没意义，其中有天壤之别。做不感兴趣的事所感觉的痛苦，仿佛置身在地狱中。爱迪生曾说："在我的一生中，从未感觉在工作，一切都是对我的安慰……"

专家们发现，当人们对工作不再兴致勃勃时，就会产生职业倦怠。职业倦怠不是说来就来的，而是由日常工作中的挫折、焦虑、沮丧，日积月累而成的。职业倦怠和挫折、焦虑、沮丧的差异在于后者发生频率较高，时间也持续较长。丧失斗志的你对疾病的抵抗力减弱，睡眠时间相同却老觉得不够，注意力也愈来愈不能集中，到最后干脆放弃尝试，什么也不在乎了，工作会变得没有意义；甚至，人生也没有什么价值可言。

◆ 工作可以使精神得到放松

在一些人眼里，所谓工作，就是为了养家糊口而"不得不"干的差事。人一旦有了这种思想，在工作中的心情就不会好到哪里去。

有一个人死后，在去阎罗殿的路上，遇见一座金碧辉煌的宫殿。宫殿的主人请求他留下来居住。

这个人说："我在人世间辛辛苦苦地忙碌了一辈子，现在只想吃，想睡，我讨厌工作。"

宫殿主人答道："若是这样，那么世界上再也没有比这里更适合居住的了。我这里有山珍海味，你想吃什么就吃什么，不会有人来阻止你。而且，我保证没有任何事情需要你做。"于是，这个人就住了下来。

开始的一段日子，这个人吃了睡，睡了吃，感到非常快乐。

渐渐地，他觉得有点寂寞和空虚，于是去见宫殿主人，抱怨道："这种每天吃吃睡睡的日子过久了也没有意思。我对这种生活已提不起一点儿兴趣了。你能否为我找一个工作？"

宫殿的主人答道："对不起，我们这里从来就不曾有过工作。"

又过了几个月，这个人实在忍不住了，又去见宫殿的主人："这种日子我实在受不了了。如果你不给我工作，我宁愿去下地狱，也不要再住在这里了。"

宫殿的主人轻蔑地笑了："你认为这里是天堂吗？这里本来就是地狱啊！"

是上天堂，还是下地狱，决定权在于自己。人生的价值在于创造，在于奉献。悲剧多来自不切实际的幻想，灭亡多产生于贪图享受的向往。其实，任何不劳而获的念头都是危险的。

劳心可以使身体得到休息，劳力可以使精神得到放松。人应当学会享受工作，并在工作中寻找自己的快乐。

◆ 把工作当成最愉快的事去做

苏格兰教文史家卡莱尔写道："有事可做的人是有福的，不要使他再求别的福分……当一个人全神贯注于工作时，他的身心就会构成一种真正的和谐，即使是最卑微的劳动。"

卡耐基说："我虽不全同意卡莱尔的说法，但我不妨以我自己的体验支持这几句话。我认识一些人，他们在工作时，身心舒畅；而在丧失或放弃工作后，他们的心灵便萎缩。甚至，连他们的神情也变了，曾经一度兴奋的眼神也变得冷淡无光起来。"

诚然，有些人在做着不适于他们的工作。由于他们不喜欢所做的工作，而使工作变成一种苦役。一个把大部分精力注入工作的人所感到的喜悦，他们全都不能感到。

假如你不幸陷入了这种苦境，你就必须设法补救，因为，如果你对自己的工作感到枯燥无味，你便很难享受到积极人生的乐趣。

人一定要选择自己喜欢做的事，即使赚钱也不例外，而且要"只问耕耘，不问收获"。每天乐此不疲，这样就等于已经成功了一半。

即使是事业成功的人士，也常常听到他们叹息自己成功背后的苦恼，诸如不得不应付繁忙的公务，或不得不周旋于社交场合，或为了应酬不得不放弃与家人团聚的美好时光，或碍于情面，不得不做有违心意的事。

事实上，把工作当成是最愉快的事的人并不多。不同的是，每个人对工作的好恶不同。假使能把工作趣味化、艺术化、兴趣化，则可以把工作轻松愉快地做好。菲力有句话说："必须天天对工作产生新兴趣。"他所指的就是工作要趣味化、兴趣化。人生并不长，因此要尽量选择符合你兴趣的工作或者想方设法让你自己兴趣化。工作合乎你的兴趣，你就不会觉得辛苦。

不容忽视的一点是：人的"喜欢"常常是处于变化当中的。有的人干一行恨一行，有的人干一行爱一行。对工作的兴趣，其实是可以培养的。不要这山望着那山高，因为路路都难走，行行出状元。有了这个认识后，你的心情受工作的左右程度就会降低。

◆ 小事业也可以做成大事业

克里姆林宫内有位尽职尽责的老清洁工，她说："我的工作同叶利钦差不多，叶利钦是在收拾俄罗斯，我是在收拾克里姆林宫，每天做好自己该做的事。"

她说得那么轻松、怡然，很使人感动，也很令人深思。

生活中的我们也都在忙碌地"收拾"中活着。往大处说，国家的事、单位的事；往小处说，家里的事、邻居的事、柴米油盐忙不完的事。生活中的杂乱无章，是我们一生都收拾不完的课题，有的甚至生命结束，还要留下遗嘱，叫后人们继续收拾下去。

克里姆林宫的老清洁工在达官显贵面前是地位最低下的平民百姓，可是她并不自卑，而且还幽默地把自己的工作与国家最高领导人的工作相提并论，足见其心胸的豁达与坦荡。世事沧桑，难道老清洁工在那种特殊的场合就一点儿感慨也没有吗？我想，答案是否定的。只是她能透过表面现象，看到问题的本质，悟出了人生的真谛：居庙堂之高也好，处江湖之远也罢，他们都在做自己该做的事。所以，她每天都在认真地收拾红墙内的灰尘和垃圾，同时也把散落在心头的苦闷和迷惘一起清扫。

与这位老清洁工相比，大多数人就不那么安分，在权势者面前，他们自叹弗如；在富有者面前，他们无地自容。这些自卑者大都不满足于自己的现状，抱怨生活不公，悔恨生不逢时，可是具体到他自己那份工作却一塌糊涂，这些人常常是小事不愿做，大事做不来，结果往往是"荒了自己的地，也没种好别人的田"。

当今大学生就业的压力越来越大。问题当然是多方面的，但其中重要的一个原因是大学生择业心态有偏差。在2005年冬天，四川某大学食堂门口开来一辆黄色跑车，正当人们感叹跑车的华丽之时，令人惊奇的一幕发生了：打开车门走出的，竟是个手提破旧修鞋木箱的中年女士，只见她在食堂门口摆开摊子，扯起了嗓门喊着："免费给同学们擦鞋，欢迎交流择业经验！"此举令过往的大学生个个瞠目结舌。

疑惑中，一些同学提来了自己的旧皮鞋让她擦。言谈间，学生才得知：这位女士竟是位身家千万的公司老总！而她此行的目的，正是用行动启发和改变大学生的择业观念。

这位女士姓李，今年42岁，是一个在全国有3000多家修鞋连锁店，身家上千万的老板。李大姐说，因为自己没有文化，很崇拜大学生。"现在许多大学生走出校园后很难找到工作，我就想通过这样的方式启发他们，工作没有高低贵贱之分，小事业也可以做成大事业。"

其实，工作没有高低贵贱，但人"贵者自贵，贱者自贱"。

快乐蕴藏于人的日常生活和学习工作之中。它的根深扎在人的心里。

◆ 人生的乐趣隐含在工作之中

有一个人坐在他的办公桌旁，他是一家大公司的业务主任。

他的办公桌上满是签条、函件、契约等文件，他的电话机上那两个信号灯一明一灭地闪烁着，显示有人等着要和他通话。他正在跟两个人商谈，显得很严肃。他看了看他的约会登记簿，记下他要参加的另一个重要会议，以及与该公司的董事长午餐。同时还得花上几个钟头的时间进行一个预定的计划。此外，他还得口授几封信……这样大的工作压力，要是落在你我身上，也许会把我们压得喘不过气来。"实在叫人吃不消！"我们也许会这么说。

但这个人却不如此。他感到——愉快。

他不容任何混乱的想象破坏他的工作效率。相反地，他只在心中预期这一天所获得的成就。

他热诚地转向他的来宾，凝神聆听他们的陈述，尽其所能地回应他们的需求。他拿起电话，要言不烦地立即作答，然后又回向他的来宾。他告诉他们，他对所谈的事将采取怎样的行动，他对通话机口授一封信，然后回过头来问他的来宾对他的决定是否满意。他们满意了，于是他把他们带到门口，和他们热烈握手道别。一切如意、愉快地以一种简捷有效的方式向目标前进。

卡耐基指出：这个人以一种积极的办法，使他的想象化为行动。他享受了快乐和成功的权利。

然而，许多人却用他们的想象去阻碍他们的享乐，这可能会造成不幸。

许多成年人，让不快的思绪充塞他们的心田，把快乐的生活挤得粉碎。他们为很少或不会发生的灾祸而发愁。他们不容许自己享受工作上的乐趣和满足之感，显而易见地，也不能像那位业务主任一样，以成功的办法行使他们的职责。

托尔斯泰曾经写道："人生的乐趣隐含在他的工作之中。"这实是至理名言。

人生的乐趣隐含在他的工作之中。

◆ 沉醉中的欢乐

一位奥地利朋友讲述了他拜见罗丹的见闻：

在罗丹的工作室，有着大窗户的简朴的屋子，有完成的雕像，许许多多小塑样——一只胳膊，一只手，有的只是一只手指或者指关节；他已动工而搁下的雕像；堆着草图的桌子，一生不断地追求与劳作的地方。

罗丹罩上了粗布工作衫，因而好像就变成了一个工人。他在一个台架前停下。

"这是我的近作。"他说着把湿布揭开，现出一座女正身像。

"这已完工了。"我想。

他退后一步，仔细看着。但是在审视片刻之后，他低语了一句："就在这肩上线条还是太粗。对不起……"

他拿起刮刀、木刀片轻轻划过软和的黏土，给肌肉一种更柔美的光泽。他健壮的手动起来了，他的眼睛闪耀着。"还有那里……还有那里……"他又修改了一下，他走回去。他把台架转过来，含糊地吐着奇异的喉音。时而，他的眼睛高兴得发亮；时而，他的双眉苦恼地蹙着。他捏好小块的黏土，粘在像身上，刮开一些。

这样过了半小时，一小时……他没有再向我说过一句话。他忘掉了一切，除了他要创造的更崇高的形体的意象。他专注于他的工作，犹如在创世之初的上帝。

最后，带着舒叹，他扔下刮刀，像一个男子把披肩披到他情人肩上那般温存关怀地把湿布蒙上女正身像，于是，他又转身要走。在他快走到门口之前，他看见了我。他凝视着，就在那时他才记起，他显然对他的失礼而惊惶："对不起，先生，我完全把你忘记了，可是你知道……"

我握着他的手，感谢地紧握着。也许他已领悟我所感受到的，因为在我们走出屋子时他微笑了，用手抚着我的肩头。

按照美国心理学家米哈利·克塞克的说法，快乐意味着生活在一种"沉醉"的状态中，即完全投入一种活动，无论是工作还是娱乐。

当你醉心于某种爱好时，即使是独自一人，也不会感到孤单与寂寞。

◆ 给自己的心情放一个假

律师张君一度萌发了厌世的念头。他的姐姐得知这一情况后，带他去了心理诊所。张君毕业于名牌大学法学系，是当地一个小有名气的律师，收入颇丰，且受人尊敬。他的闷闷不乐来自工作上的压力。心理专家建议张君常去陶吧玩玩。张君对于制陶完全不懂，也不感兴趣，但是在姐姐的强烈要求下，只好过去看看。

　　张君报名参加了制陶训练班，同时继续自己的律师工作。但一到下班时间或周末，他就投入制陶的世界中。渐渐地，他感到生活中充满了阳光和乐趣。

　　张君说，他从来没有享受过这么美妙的生活。在学习制陶之前，他在上班时充满了电话声、约会、宣誓证言、诉讼摘要、法院出庭，以及无数需要法律专业来解决的琐事。下班后，思想仍不可遏制地在那些烦人的工作中打转，令人心力交瘁。而现在，一有空闲他就穿上牛仔裤，到陶吧去"工作"。他可以什么也不想，随心所欲地把玩着手里的泥巴。

　　张君情绪的变化，是拜"移情"所赐。所谓移情，是情感迁移的一种特殊形式，是把某种情感由一对象迁移到另一对象。

　　在心理学中，移情是精神分析派心理学的一个术语。然而在现实生活中，情感迁移的现象较为普遍，表现最为突出的就是人的情趣生活或称业余爱好。如很多人在工作之余，热衷于种花养草、钓鱼下棋，等等。但是，由于很多人受了"勤有功，戏无益"的影响，认为这些是不务正业，玩物丧志。其实不尽然。科学实验证明，工作引起的疲劳，尤其是脑力劳动，并不意味着身体精疲力竭，而多半是心理上的疲劳，动机强度降低或者是兴趣下降。此时，消极的休息方法，并不能使原来的大脑兴奋区很快得到抑制。倘若换个方式，去浇浇花、看看鱼、下盘棋，那么兴奋中心就会较快转移，处于高度兴奋状态的脑细胞就能因转换了活动而得到充分休息。

　　此外，人们一旦移情于大自然或其他有益的活动，就会发现其中有许多表现形式有非常微妙的相似性，从而给人的生活和工作以种种深刻的启示。苏东坡之所以屡处逆境而不改其乐，其心理状态一定程度上受到了其他事物的积极影响，如梅花傲霜斗雪的坚强性格给他的鼓舞。适当有益的业余情趣，能使人神清气爽、精神振奋，整个心理活动处于平衡状态，为工作、生活和健康提供了必不可少的保证。

"移情"的关键在于应选择有益的情趣生活，其目的是养情怡性，健身益心，有利于工作和生活。当然，移情之意有时也需节制，否则也会适得其反。如时下盛行麻将风，很多人乐此不疲，昼夜鏖战，对身心健康的危害极大，甚至败坏了社会风气。蒙田说过这样一句话"生活本身既不是祸，也不是福；它是祸福的容器，就看你自己把它变成什么"。

所以，移情之意在于健身，别恋之意在于和工作或生活中的烦心事儿说声拜拜，工作烦闷，生活无味时，不妨"移情别恋"，给自己的心情放一个假，这样会使自己的生活更加美好。

文武之道，一张一弛。

◆ 调整枯燥生活的10个点子

每天打卡上班的生活，似乎有些枯燥与无奈。按部就班的日子里，要学会给自己一天保持好心情的一些点子。毕竟，心情好了，工作积极性与创造力就上来了；而工作的顺利，又反过来给你一个好心情——生活在这种良性循环中的人，是心情的主人、人生的强者。

1. 音乐唤醒

铃声大作的闹钟会让神经受伤。一个轻松的起床仪式很有必要，比如选张喜欢的CD，用音乐定时，美妙的音乐会在耳畔轻轻柔柔地唤醒你，带给你一天的好心情。

2. 床上伸展操

也许你不相信，只要几个简单的步骤，恋床的毛病就会一扫而空。在穿衣服之前，不妨坐在床上做简单的伸展操，松松紧绷的肌肉和肩膀，慢慢地转转头、转转颈，深深地吸一口气再起身，会有一种舒畅感。

3. 为自己做顿早餐

有人宁愿多睡半小时也不肯让自己吃一顿可口的早餐。其实一天三顿饭早餐最重要，早餐是一天活力的来源，为了多睡一会儿而省掉早餐是最不划算的，一来健康大打折扣，二来失去了享受宁静早餐的美妙感觉的机会。下决心明天早起半小时为自己做顿可口的早餐吧！它能带给你精力充沛的一天。

4. 洗个舒缓浴

淋浴或泡澡要看你的时间充裕与否。如果泡澡，水温不宜太高，时间也别拖得太长，选一些含有柑橘味的淋浴品，对于提升精神是最好的。如果是淋浴，告诉你一个消除肩膀肌肉酸痛的小秘方，在肩上披上毛巾，以可容忍的热度，用莲蓬头水柱冲打双肩，每次10分钟，每周3次以上，效果极佳。

5. 尝尝自己做的点心

研究证明，吃甜食有助抚慰沮丧情绪。其实，品尝自制的小点心不但有成功的喜悦，同时，在烹调的过程中，也有意想不到的乐趣。如果你的厨房设备很简单，就做一道好吃的米布丁吧。在小锅中加入适量米和水同煮，接着加入适量牛奶继续煮至米糕软，待牛奶汁略收干时加入糖，再加上一个蛋黄，享用时，撒上葡萄干就可以了。

6. 掸掸灰，吸吸尘

厨房的碗筷堆得快溢出水池，窗上积了一层灰，脏衣服满地都是。

与其惹得自己心烦意乱，不如花点儿时间吸吸尘、擦擦灰，整理一下。当你环视四周时，心情会无尽地畅快。

7. 远离电视

研究显示，以看电视为生活重心的人，比较不快乐。是的，有时候躺在沙发上，盯着电视一整天，最后感觉好像什么也没看到，什么也没记住，然后就开始懊恼后悔，不该让电视占了那么多的时间。

8. 出门遛遛

阳光和煦、春风徐徐的日子，最适合出门，抖掉一身关在家中、闷在城市的霉味。

9. 静下心来看本书

还记得书本散发的浓浓墨香吗？还记得手指翻动书页的温柔触感吗？还记得上一次被书中的情节深深感动是什么时候吗？找个时间，冲杯咖啡，再一次回味那种感觉吧！

10.买件礼物送自己

可能是一束花、一条披肩、一双并不昂贵却十分舒服的鞋，甚至是一顿讲究的可口菜肴。偶尔宠爱自己，足以治愈高压紧张所带来的坏心情。

阴沉的天气敌不过开朗的心情。而当阳光普照大地的时候，灰尘也会变得闪闪发亮。

◆ 尊重工作就是善待自己

有一天，一个爱丁堡的新牧师开始探访会友，他来到一个补鞋匠的店铺。

牧师高谈阔论，补鞋匠对牧师的言语颇不以为然，适时插话几句。

牧师感到有点恼怒，不无讥讽地说："你实在不应该修鞋了，凭你思想的层次、反应的敏锐，不应当从事这种低俗的工作。"

补鞋匠说："先生，请收回你的话。"

"为什么？"

"我绝不是从事低俗的工作，你看见边上那双鞋子了吗？"

"我看到了。"

"那是寡妇史密斯的儿子的鞋子。她丈夫在夏天去世，她也几乎随他死去，但她为这个儿子而活。她的儿子找到送报的差事，勉强维持家计。"

"然而坏天气不久就要来临，上帝问我说：'你愿意为寡妇史密斯的儿子修补鞋子吗，免得他在严冬感染肺炎而死？'我回答：'我愿意。'"

"牧师先生，你在上帝的指引下传道，而我却在上帝的指引下为人补鞋。当我们都到了天堂时，我相信你和我都会听到相同的嘉许：'你这又忠心又善良的仆人……'"

相信人们依然会记得夏洛蒂·勃朗特的长篇小说中那个平凡的女教师简·爱——一如平凡的我们。她所追求的人与人之间的平等，实际上是希望从事各种行业的人都要有一种自我感，如果对自我都不珍视，那我们还会珍视什么？又能珍视什么？

工作是神圣的，没有什么高低贵贱之分。如果一个人对自己的职业都视若敝屣，别人怎能重视你？只有自己重视自己，珍惜自己，别人才会看重你。请重视自己的工作，珍惜自己的工作；如同善待自己，珍惜自己。

三百六十行，行行出状元。

◆ 学会欣赏自己的工作

曾在网络上看到一则新办公室守则，全文如下：

苦干实干，做给天看；东混西混，一帆风顺。

任劳任怨，永难如愿；会捧会现，杰出贡献。

负责尽职，必遭指难；推托栽赃，宏图大展。

全力以赴，升迁耽误；会钻会溜，考绩特优。

频频建功，打入冷宫；互踢皮球，前途加油。

奉公守法，做牛做马；逢迎拍马，升官发达。

他的写法可能让不少人觉得"大快人心"。没错，从某种角度讲，上班难免会受点委屈，看上司脸色也是必然的事情。但除了泄点儿愤之外，他所写的未必都是实情。在过去某些地方，也许真的有"少做少错，多做多错"的现象，但是在现在很多单位都必须讲究效率，要自负盈亏，因此，只靠推诿责任拍马升官的人毕竟有限。

偷偷地发泄一下没关系，但如果你一味地认为这个世界上会出头的都是混蛋，只拿愤世嫉俗来替代反省自己的机会，那不仅会坏了自己的心情，同时也会坏了自己的前程。

如果你爱你的工作，你就是它的主人；如果你恨你的工作，它就会成为你的主人。

◆ 改变心境才能有效改善焦虑

有一位高层管理人员，过度烦恼于每天所发生的事，所以有人建议他应该出去走走："出国旅游将会减少你的焦虑。"

因此他开始出国旅游。

"但，为什么我的焦虑却有增无减呢？"他不解地问。

"因为你还是你啊！"心理专家说，"本来事业对你来说已是一个负担，现在加上出国旅游就变成了两个负担，你的焦虑当然有增无减。"

"那该怎么办呢？"

心理专家露出一贯的笑容，亲切地说："改变环境，不如改变心情。"

有多少为职场拼杀而疲倦的人度假散心，或是到远处去寻求宁静。但过不了多久，心里的杂念便又腾起，"该死，有件事需要尽快处理，支票也快到期了，家里不知道有没有什么事……"他们总是计算着有多少事还没做，同时还记挂着必须完成的下一件事。这种所谓的度假散心，真还不如没有。

想一想，当我们外出旅游，飞机已飞到九霄云外，在离地一万米的高空飞行，而我们，人虽离开了地面，但心却仍黏在地上；虽然离开了那个环境，却没有离开那个心境。这样的旅程不是很有负担吗？这又有何益呢？

◆ 最上等的丝绸最容易弄脏

"有人在背后说你的坏话。"一位朋友对教授说。

"一个人到了有人来'糟蹋'他的时候，那就表示他已经有一点儿成就了。"

"怎么说呢？"

"人们不会去理会贫瘠的果木，只有那些挂满丰盛果实的大树，才有人用石子袭击它，不是吗？"教授解释道。

大哲学家安提斯特纳斯说过："做伟大事业的人，常会有人在背后说坏话。尤其是首屈一指的人更甚之。"

人在职场，免不了受到一些飞短流长的"石子"袭击，切莫为这些"石子"而陷入痛苦之中。你应该为自己而高兴，因为这可以显示出你正位于什么地位——只有挂满丰盛果实的大树才会招来石头袭击。一个对飞短流长能够一笑置之的人，是自己心情的主人，是自己命运的主人。他不仅心情愉快，前途也会广阔无比。

◆ 如何自我调整消除焦虑

职场白领的亚健康问题已经成了不少人面临的一个难题。亚健康的根源，来自精神而非身体。只不过，当精神的负面因素达到一定程度之后，会影响其身体素质。

职场白领中最常见的负面情绪是焦虑。焦虑是过分担心产生威胁自身安全的事件和其他不良后果的心理状态。焦虑能导致紧张、易怒、失眠、植物性神经紊乱等一系列生理、心理反应，降低生活质量和工作效率。当人面临焦虑时，可以通过以下方法来自我调整：

1. 默想法

默想是一种鼓励自己运用想象力来表达良好愿望的方法。例如，你可以闭上眼睛，把痛苦想象为一块冰，把松弛想象为太阳，太阳的温暖使冰慢慢融化，伴随出现的是紧张的解除。

2. 色彩法

红色、黄色和橙色属暖色调，可使人兴奋；蓝色和绿色属冷色调，可以降低紧张度。除了有意创造一定的色彩环境外，还可以用默想色彩的方法来减轻焦虑。

3. 音乐法

选择一个舒适的环境，闭上眼睛听优美的音乐，同时排除一切杂念，全身尽量放松，这样可有效地降低焦虑。

4. 倾诉法

焦虑时找一位知己倾诉一番，这是缓解焦虑的好方法。若一时无人可倾诉，可采用唱歌、写字、作画等形式宣泄不良情绪。

◆ 要有能忍受烦闷的能力

驿路断桥边，寂寞开无主。被人忽略，在单位坐冷板凳的日子真不好过。

由于被人忽略，你也许会有许多偏激的表现：说话标新立异，行动好出风头，甚至做出一些出格的事情。你宁愿受到惩罚，也不甘被人忽略。

可是无论你怎样努力，你都无法使自己很出色。正如歌中所唱："有些人你永远不必等"——有些事情你永远做不好，有些人你一辈子也赶不上。终于有一天，你会恍然大悟：人，难免被人忽略。于是你的心境变得平和，性格变得稳重。对许多事情也看得很开——无可无不可。对那些很好强的行为，总是宽容地一笑。这样，你就学会了被人忽略。

由于学会了被人忽略，也使你成熟。你觉得天比以前更高、更蓝了。生活多了好些滋味。你的心情轻松愉快，你的工作更有成效。你不仅更热爱生活，也开始享受人生。当你终于学会了被人忽略，你却奇怪地发现：你的冷板凳已经坐热……

不少大学生、研究生在从事一些不起眼的工作时，总是感到愤愤不平，认为庸庸碌碌，是在浪费青春。在这些思想情绪当中，我们可以看到一些可贵之处，那就是不愿意平庸，而愿意有所作为。但是换一个角度，即从对上级的尊重和服从的角度来说，上述情绪也包含了许多不可取因素。那就是不愿从小事做起。何况上级的安排也许是让你熟悉公司工作流程以便对你委以重任，或许是在考验你工作的态度。

对任何一个机构来说，打水、扫地、跑腿、传递信息、接电话、接待来访等，这些事总是要有人做的。事务性工作构成了秘书人员、机关科室人员正常工作的有机组成部分，所以说欲做大事必须从小事做起，大事孕育于小事之中。

要生活得快乐，必须具有能忍受烦闷的能力。大多数伟人的一生中，除了辉煌的时刻外，也有平淡无奇的岁月。不能忍受烦闷的一代会成为无所作为的一代。

◆ 主动承担棘手的工作

作家赵树理下乡有个经验，主动抱哭的孩子：若一位大嫂怀里抱着个孩子，孩子正在哭着，他会接过孩子，一边哄着孩子，一边和大嫂说话，很快就亲热地谈起来了。起初，朋友们总是不理解，对作家说："你应该把不哭的孩子抱过来，正哭着的不要去抱。孩子正哭着，你去抱，不是自讨苦吃吗？"

作家解释说，能抱在怀里的孩子，怕不会超过3岁。这样的年龄，任情任性，无牵无挂，既不会敬重名人，更不会畏惧权贵，哭与不哭，连想都不会去想，全凭他一时的感觉。再从发展的趋势说，正哭着的孩子，不外乎两种可能：一是继续哭下去，再是慢慢地停下来或戛然而止。孩子哭着，你不负任何责任，因为他原本就在哭着；而一旦不哭了，你就平白地得到一份好处。原本就不哭的孩子，也有两种可能：一是继续不哭，再就是"哇"的一声哭了。不管他是为什么哭的，都是在你手里哭的，你都会落个"不讨孩子喜欢"的名声。

从赵树理主动抱哭的孩子这一事件上，我们可以看出一种人生的大智慧。比如在单位，领导总是给你分派棘手的事情，你可能心里非常不乐意。但按照赵树理主动抱哭的孩子的理由，我们也可以找出办棘手事情的好处：要么办砸——办砸了因为事情本身棘手，你不用负太多的责任；要么办成——你将会因此获得更多人的好感。

◆ 完成工作要有始有终

戒掉两种毛病对我们的职业生涯的健康发展非常有利。毛病一是优柔寡断，做一件事情下不了决心，感觉很头疼、很闹心，很麻烦，心里没底儿，从而产生恐惧心理直至事情延误，无果而终。毛病二是有始无终，刚有了一个好的开头，便因一点儿小问题而放弃，结果前功尽弃，也延误了后面事情的完成，长此下去便会一事无成。

英国有个护士曾接受跳伞训练，以便紧急的时候，随医疗设备空降地面。她描述跳伞的心态时说："在你前面的护士已经跳下去，在你后面的护士正在等待着，所以，你只有跳了！"

工作上的许多情境正是如此，不容许你盘桓犹豫，一旦患得患失，后面的计划就被拖延了，所以一定得当机立断。

事实上，即使大人物也难免有患得患失的毛病。曾经4任英国首相的格兰斯顿，在每次讲演之前，都要失眠两晚。他说，一方面担忧该说些什么话，另一方面又要担忧什么话不该说。

那么我们该如何防止这种毛病呢？

对于一件事情，我们首先应搞清楚它该不该做，能不能做，值不值得做，然后再下定决心去付诸行动。

在付诸实施的过程中，切记要全身心地投入工作，力求尽善尽美地完成任务。切忌马马虎虎，粗枝大叶，甚至敷衍了事。一件事要干就干好，否则还不如一开始就放弃。

◆ 付出与获得

一位退休的老人，在乡间买下一套宅院，打算安度晚年。在这套宅院的庭园里，种着一株硕果累累的大苹果树。

邻近的顽童，几乎天天都会来"探视"这株苹果树，同时还带来了石头或棍棒。

想安享宁静的老人，玻璃常常被顽童失手击破。有时因不堪喧闹老人会走到庭院中驱赶树上或园中的顽童，而顽童回报老人的，则是无数的嘲弄及辱骂。

老人在不堪其扰之余，想出了一条妙计。有一天，他和蔼地告诉顽童们：从明天起，他欢迎顽童们来玩，同时在他们要离去前，还可以到屋子里向老人领取一块钱的零钱。

孩子们大喜，如往常一样地砸苹果，同时又多了一笔小小的零用钱收入，因此天天来园中玩得乐不思蜀。

一个礼拜过去后，老人告诉小孩们，以后每天只有五毛钱的零用钱。顽童们虽然有些不悦，但仍能接受，还是每天都来玩耍。

再过一个星期，老人将零用钱改成每天只有一毛钱。孩子愤愤不平，群起抗议："哪有这种事，钱愈领愈少，我们不干了，以后再也不来了。"

后来，苹果树依然硕果累累，庭园中却恢复了往日的幽静。

聪明的老人为了对付贪心的小孩，在原本只为了兴趣而快乐的事物上加入酬劳，假以时日，再使酬劳逐渐降低，终而使顽童们失去了兴趣。原本能够使顽童们快乐的游戏，也因酬劳的失去，再也没有任何乐趣。

或许不只小孩子是这样，在大人们的工作上也常能见到这种现象：因为金钱的缘故，而使我们原本热爱的工作失去了魅力。然后，人们开始诅咒金钱是万恶的，因为金钱的加入，而使得单纯的工作不再有意义。事实上，金钱非善也非恶，贪财才是万恶的根源。

真正犯错的，并不是金钱，而是我们对工作与金钱的态度是否正确，是我们对付出与获得的心态能否达观。

我们可以再一次去审视自己的工作，清楚地分析出自己为何要从事这项工作，而做这项工作的最终目的何在。然后回想自己从事这项工作时起初的心愿，紧紧把握住这份心愿，就能不为起伏不定的酬劳所迷惑，从而能从工作中获得最大的乐趣。

莫为金钱所产生的困惑而使我们原本单纯热爱工作的心情丧失了。时时弄清楚自己的定位，就能在工作及日常生活中获得极大的快乐，而这份快乐，也将为我们带来更多的人缘和更大的财富。

一个人如果不能从工作中找出乐趣，那不是工作的缘故，而是他不懂得工作的艺术。

◆ 不要给自己太大压力

睿智的庄子给我们留下这样一个发人深省的故事：当一个博弈者用瓦盆做赌注的时候，他的技艺就可以发挥得淋漓尽致；而当他拿黄金做赌注的时候他则往往大失水准。庄子对此的定义是"外重者内拙"。

面对一份重要的工作，不少人往往会因为过度用力和意念过于集中，反而将平素可以轻松完成的事情搞糟。现代医学将这种现象叫作

"目的颤抖"。

太想绣好花的手在颤抖，太想踢进球的脚在颤抖，太想在面试中胜出的嘴在颤抖。华伦达原本有着一双在钢索上如履平地的脚，但是，过分求胜之心硬是使这双脚失去了平衡，那著名的"华伦达心态"以华伦达的失足殒命而被赋予了一种沉重的内涵。

人生岂能无目的？无目的的人生无异于行尸走肉。然而，目的本是引领着你前行的，如果你将目的做成沙袋捆缚在你自己的身上，每前进一步，巨大的压力与莫名的恐惧就赶来羁绊你的手脚，那么，你将如何去约见那个成功的自我？

握得太紧的手，反而握不住一把沙子。

第五章　爱情之酒因好心情而甘美

在一片鲜花盛开的草地上，一个年轻的男人遇见了一个年轻的女人。

"现在我才发现，我来到这个世界上，就是为了今天与你相遇。"年轻男人含情脉脉地注视着女人。

"我也一样，所以我们相遇了。"

男人和女人牵手远去。

之后的某一天，还是那个年轻女人，独自在那片草地上寻找着，双眸流露着惶惑和不安。

一个智者走了过来："孩子，你已经在此寻找许久了，你究竟丢失了什么东西呢？"

那个年轻女人一边搜寻着，一边不安地回答着智者的问话："我在寻找我自己。自从那天在这里与他相遇，我就发现我丢失了自己。我的欢笑因他而产生，我的眼泪因他而流淌；他的一句话可将我托上高高的巅峰，他的一声叹息可将我抛下黑暗的地狱；我睁着双眼，看到的只有他的身影，我闭上双眸，听到的只是他的声音；我似乎是因他而生，我更会因他而死。然而，我呢？我到哪里去了？所以现在我来寻找我自己。"

　　智者笑道："孩子，不必寻找了。当爱产生时，'我'就消失了。你们相爱着，你们已经彼此消失自我，融为一个整体，你的自我只能在他那里寻找，而他的自我只能在你这里寻找。遗憾的是，他和你都不见了，因而你们不必寻找，你们已经变成了一个新的整体。"

　　正说着，那年轻男人也来了，他也来寻找自我，智者把上述的话又重复了一遍。

　　"可是，'我'还能够返回吗？即使返回，'我'还会是从前的'我'吗？'我'在新的整体那儿，会有幸福和快乐吗？"男人和女人同时问。

　　"爱情如一杯鸡尾酒，由相爱的人共同调制，你们的新整体就是一杯鸡尾酒，至于是否甘洌可口，就要看你们如何调制。"智者说。

◆ 别让自己留有遗憾

　　席散后，她向理查德走来。可理查德压根儿没告诉她自己正眼巴巴地盼着能在此见到她哩！

　　谈了一会儿，他们便看起往昔的照片来。他们穿着长长的礼服、肥大的裤子，一动不动地站在那儿，眼睛里闪烁着年轻人才有的那种热切光芒。他问她现在住什么地方，有没有孩子，她说她没有孩子，只有一个丈夫和一只猫。

　　他们谈得很投机，彼此觉得老友相逢，实在令人庆幸。然后，他们就道别分手了。

　　当然，她现在老多了。可一看到她那张脸，便使理查德想起，她就是当年自己在月光下见到的那位姑娘。

　　记得那个晚上，理查德和她恰好一起从教堂出来。他们沿着教堂旁的车道款款而行。皓月当空，他们俩都觉得那晚的夜色很美。之后，她向他转过脸来。借着月光，只见她那缕缕青丝乌亮乌亮的，一双温情的眸子秋波闪闪。理查德不禁自言自语道："哦，她真美啊！"当时，他就想：今后一定要打电话给她，约她出来跟自己一块儿……然而，他始终没敢这样做。

今天，理查德本想把自己当时那一片眷恋之情诉说给她听。可又想，老朋友会面时是不该谈这些的。再说，他们俩还跟从前一样，羞于启齿。虽然，他们都早已跨过不惑之年，但还是不好意思说出个"爱"字。

我们的心中常会感到这样或那样的遗憾。但遗憾的往往不是已经消逝了的那一片刻，不是在月光下再也见不着的那个美丽的姑娘，不是生命中那些美好时光的流逝；而是我们自己，总爱把心里话留待下次再说。

人们往往在爱情问题上提出太多的问话，有朝一日你真正想知道答案的时候，爱情却已经溜走。

◆ 不要禁锢自己的情感

胆小的青年想对倾心已久的女孩吐露心声，但说不出口，只好说：

"……你的父亲最近好吗？"

"很好。"

"那么，你的母亲呢？"

"她也很好。"

"你的哥哥呢？"

"他也非常好。"

接下来青年瞪大了眼睛，沉默了很久很久，女孩忍不住地说道：

"我……我还有一位祖母呀！"

其实，大部分人习惯把真实的自我藏在心里，不敢向别人表露。久而久之，成为心病。或为了不得罪人、不给别人坏印象，而变得"拐弯抹角"，变得总是"言不由衷"。

这种扭曲自己想法、"不直接"的表达方式，往往也会造成人与人之间沟通的障碍。

不要再禁锢自己的情感了，向人表达情感是忠于自己，也是对对方最大的恭维和肯定。要记住，除非你去摇铃铛，否则铃铛不会自己响。把心里的话说出来吧！

爱情是两个人的利己主义。

◆ 爱人应由自己决定

小陈每次和有结婚可能的女友交往时，就会想要带回家见见母亲，征求母亲的同意。

可是他的母亲，对每一位都不满意，不是说吴小姐不漂亮，就是说李小姐没气质。小陈无可奈何，便向他的朋友求教。

朋友说："这很简单嘛！只要找一个和你母亲一模一样的女孩，那她就不会反对啦！"

"对！"

小陈照着朋友的话去做。数月之后，小陈的朋友与他见面时便问道：

"你母亲接纳你的新女友了吧？"

"嗯，容貌、说话的神态，甚至嗜好都和母亲一模一样的女孩，真的让我找到了，我母亲一见面就拍手满意。"

"我说得没错吧！那什么时候请吃喜酒呀？"

"但这一次，我爸爸反对！"

一个人赞同的事，很可能是另一个人所不同意的事。当你不知该听谁的时，那就听自己的吧！

爱情使有些鸟显示出它们身上最美丽的颜色，使诚实的心灵表现出最高尚的成分。

◆ 选择伴侣要慎重

一位新婚不久的女孩，在黑夜里独自默默流泪。

女孩是在一片反对声中，义无反顾地委身于他的。

他爱好赌博，喜欢打架。同时，他也爱她。

女孩当然也爱着这个"浪子"。不过，她并不喜欢——不，是厌恶——他赌博与斗殴的习气。

"不过，这些都不要紧，我相信，我可以改变她。"女孩不止一次地对自己、对朋友、对家人说。

爱情的力量是很神奇而又伟大的，"能直叫人生死相许"，又还有什么不能改变的呢？

然而，在她新婚后不久，他就开始了夜不归宿。他要么是在通宵赌博，要么是被抓进了派出所……

女孩终于明白：爱情的力量，并不是传说中的无坚不摧；她在选择

"浪子"时，其实就是选择一份哀怨的心情。

对此，伟大的福音传播者德怀特·穆迪曾经这样写道：

"一个女人希望通过婚姻能很好地改造一个男人，这个最自欺欺人的希望通常都是幻想，它毁坏了成千上万的年轻女孩的美好生活。一个年轻的女孩希望能够挽救一个无赖，而坚持要嫁给他，在每个社区都有几百个这样的例子。这种基础不牢固的家庭最终会解体，并毁坏了一些无辜女孩的生活。我不明白为什么人们都会这样盲目。在所见到的几百个这样的结合中，没有一个是产生了预期的结果的，她们的结局除了悲伤就是灾难。年轻的女孩子们，千万不要认为你能够完成慈爱的母亲和情投意合的姐妹都不能做得到的事情。"

所有对爱情与婚姻充满憧憬的女人们都要将德怀特的话记到心里。同时，男人亦然。

大约有半数不幸婚姻的造成因素，是男女双方的某一方出于怜悯而结合。

◆ 爱情可以使人"旧貌换新颜"

一个年轻人抱怨妻子近来变得忧郁、沮丧，常为一些鸡毛蒜皮的小事对他嚷嚷，甚至会对孩子无缘无故地发脾气，这都是以前不曾发生的现象。他无可奈何，开始找借口躲在办公室，不愿回家。

一位经验丰富的长者问他最近是否争吵过，年轻人回答说，为了装饰房间发生过争吵。他说："我爱好艺术，远比妻子更懂得色彩，我们为了每个房间的颜色都大吵了一场，特别是卧室的颜色。我想漆这种颜色，她却想漆另一种颜色，我不肯让步，因为我对颜色的判断能力比她要强得多。"

长者问："如果她把你办公室重新布置一遍，并且说原来的布置不好，你会怎么想呢？"

"我绝不能容忍这样的事。"年轻人答道。

于是，长者解释："你的办公室是你的权利范围，而家庭及家里的东西则是你妻子的权利范围。如果按照你的想法去布置'她的'厨房，那她就会有你刚才的感觉，好像受到侵犯似的。当然，在住房布置问题上，最好双方能意见一致，但是要记住，在做决定时也要尊重你妻子的意见。"

年轻人恍然大悟，回家对妻子说："你喜欢怎么布置房间就怎么布置吧，这是你的权利，随你的便吧！"

妻子大为吃惊，几乎不相信丈夫的这种突然改变。

年轻人解释说是一个长者开导了他，他百分之百地错了。妻子非常感动，后来两人言归于好。

夫妻生活和其他许多人际关系一样，会有这样那样不尽如人意的地方，针锋相对永远也不是解决问题的好方法，主动让道则能使双方更多地感受到宽容的力量。只有以宽容态度面对问题，才可能很好地解决问题。

爱情之所以可以成为催人上进的力量，不是由于严厉，而是由于宽容。爱情使人原谅了爱人的种种缺点、毛病，因而使爱人"旧貌换新颜"。

◆ 尽量去欣赏别人可爱的一面

一位年轻太太向大师抱怨："我先生从不赞美我，整天挑东拣西的。不管我做什么事，他总可以找出缺点来批评。"

大师说："喜欢批评是缺乏自信的表现，你先生是不是有这方面的问题？"

她想了一会儿说："我想很有可能。"

"如果是这样的话，你似乎应该多去赞美他，提高他的自信，以减少批评。"

"我从来没想到这点。"她叫道，"但你说对了！因为我一天到晚只注意到想听他对我的赞美，早已忘记我上次什么时候夸赞过他了。"

生活中我们认为最不需要赞美的人，通常最需要赞美。

郑板桥有句名言："以人为可爱，而我亦可爱矣！"这即是鼓励大家尽量去欣赏别人可爱的一面，那么，他人也会因之欣赏我们自己的可爱之处。时常赞美别人的人，自身必有更值得赞美之处。

你希望某人具有某种优点，就赞美那人拥有你希望的优点。如果能用一点儿感情和赞美给对方带来欢乐，并且自己也可以从中获益，那么又何乐而不为呢？

◆ 爱情的油灯

一位悲伤的少女求见莎士比亚。

"莎士比亚先生，你曾写出了人世间那么多凄美动人的爱情故事，现在，我有件关于我的爱情的事请教您，希望您能帮助我。"

"哦，可怜的孩子，请说吧。"莎士比亚说。

少女停顿了一下，忧伤的声调令人心碎："我爱他，可是，我马上就要失去他了。"少女几欲流泪。

"孩子，请慢慢从头说吧，怎么回事？"莎士比亚慈祥地说。

"我与他深深相爱着。他以他的热情，日复一日地用鲜花表达着他对我的爱。每天早上，他都会送我一束迷人的鲜花，每天晚上，他都要为我唱一首动听的情歌。"

"这不是很好吗？"莎士比亚说。

"可是，最近一个月来，他有时几天才送一束花，有时，根本就不为我唱歌了，放下花束就匆匆离去了。"

"唔？问题出在哪儿呢？你对他的爱有回应吗？"

"我从心里深深爱着他，但是，我从来没有表露过我对他的爱，我只能以冰冷掩饰内心的热情。现在他对我的热情也在慢慢逝去，我真怕，真怕有一天我失去他。先生，请指教我，我该怎么办？"

莎士比亚听完少女的诉说，从屋里取出一盏油灯，添了一点儿油，点燃了它。

"这是什么？"少女问。

"油灯。"

"要它做什么？"

"别说话，让我们看着它燃烧吧。"莎士比亚示意少女安静。

灯芯嘶嘶地燃烧着，冒出的火苗欢快而明亮，它的光亮几乎照亮了整个屋子。然而灯油越来越少，灯芯的火焰也越来越小，光线变弱了。

"呀！该添油了！"少女道。

可是莎士比亚示意少女不要动，任凭灯芯把灯油烧干，最后，连灯芯也烧焦了，火焰终于熄灭了，只留下一缕青烟在屋中飘绕。

少女看着一缕青烟迷惑不解。

"爱情也像这油灯，当灯芯烧焦之后，火焰自然就会熄灭了。你应该知道，现在你该怎么去做了。"莎士比亚说。

少女明白了："我要去向他表白，我爱他，不能失去他。我要为我的爱情之灯加油去了。"

少女谢过莎士比亚，匆匆走了。

看完这个故事后，聪明的读者一定会明白：爱情的褪色不是诱惑，不是时间，是人的疏忽与冷淡。

也许爱人心中有自己的世界，只要你坦然、宽容和真诚地去对待，努力更新爱的内容，焕发爱的激情，彼此心中保留的空间就不会成为你们幸福生活的障碍。

◆ 爱情中没有绝对的公平

一位年轻貌美的少妇曾向人们诉说自己5年不愉快的婚姻生活。她的丈夫是保险公司的职员，因为一句话惹她生气，她便大发雷霆地说道："你怎么可以这样说，我可是从来没有向你说过这样的话。"当他们提到孩子时，这位少妇说："那不公平，我从不在吵架时提到孩子。""你整天不在家，我却得和孩子看家。"……她在婚姻生活中处处要公平，难怪她的日子过得不愉快，整天都让公平与不公平的问题搅扰自己，却从不反省自己，或者没法改变这种不切实际的要求。如果她对此多加考虑，相信她的婚姻生活会大大改观。

还有一位夫人，她的丈夫有了外遇，这使她感到万分伤心，并且弄不明白为什么会这样？她不断地问自己"我到底有什么错？我哪一点配不上他？"她认为丈夫对她不忠实实在是太不公平。终于，她也效仿自己的丈夫有了外遇，并且认为这种报复手段可谓公平。但是，同愿望相反，她的精神痛苦并未减轻。

在婚姻生活中，要求公平是把注意力放在外界，是不肯对自己生活负责的态度。采取这个态度会妨碍你的选择。你应该决定自己的选择，不要顾忌别人。与其抱怨对方，还不如积极地纠正自己的观点，把注意力由配偶转向自身，舍去"他能那么做，我为什么不能跟他一样"的愚蠢想法，看看你自己怎样做，才可能对自己的婚姻生活更有益。

其实，无论爱情还是婚姻，都别计较什么公平不公平。

"为什么是我？"一位得知自己罹患癌症的病人对大师哭诉，"我的事业正要起步，孩子又还小，为什么会在此时得这种病？"

大师说："生命中似乎没有任何人、任何时候，适合发生任何不幸，不是吗？"

"但是，她还那么年轻，而且人又那么善良，怎么会这样？"一旁陪她来的朋友为她不平地说。

"雨落在好人身上，也落在坏人身上。"大师说，"有些好人甚至比坏人淋更多的雨。"

"为什么？"

"因为坏人偷走了好人的伞。"大师答道。

没错，人生本来就不公平。

如果世界上每件事都公平，为什么有些人从小就是天才，有些人却是弱智？为什么有人生下来就是王子，有些人却生在难民营？

如果世界上每件事都要公平，鸟儿不能吃虫，老鹰也不能吃鸟，那么生命将如何延续下去？

爱的最高原则是把自己奉献给对方，在奉献或牺牲中感觉到自己，在对方的意识里获得对自己的认识。

◆ 爱情的旧约与新约

林清玄在一篇美文中，写过一个这样的故事：

一个遭受到女友抛弃的青年来找我，说到他女朋友还活得好好的，感到愤恨难平。

我问他为什么。

他说："我们在一起时发过重誓的，先背叛感情的人在一年内一定会死于非命，但是到现在两年了，她还活得很好，老天不是太没有眼睛，难道听不到别人的誓言吗？"

我告诉他，如果人间所有的誓言都会实现，那人早就绝种了。因为在谈恋爱的人，除非没有真正的感情，全都是发过重誓的，如果他们都死于非命，这世界还有人存在吗？老天不是无眼，而是知道爱情变化无常，我们的誓言在智者的耳中不过是戏言罢了。

"人的誓言会实现是因缘加上愿力的结果。"我说。

"那我该怎么办呢？"青年问我。

我对他说了一个寓言：

从前有一个人，用水缸养了一条最名贵的金鱼。有一天鱼缸打破了，这个人有两个选择，一个是站在水缸前诅咒、怨恨，眼看金鱼失水而死；一个是赶快拿一个新水缸来救金鱼。如果是你，你怎么选择？

"当然赶快拿新水缸来救金鱼了。"青年说。

"这就对了，你应该快点拿新水缸来救你的金鱼，给它一点儿滋润，救活它。然后把已经打破的水缸丢弃。一个人如果能把诅咒、怨恨都放下，才会懂得真正的爱。"

青年听了，面露微笑，欢喜地离去。

我想起在青年时代，我的水缸也曾被人敲碎，我也曾被一起发过誓的人背叛，如今我已完全放下了诅咒与怨恨，只是在偶尔的情境下，还不免酸楚、心痛。

心痛也很好，证明我养在心里的金鱼，依然活着。

爱情的旧约是忠贞不渝；爱情的新约却是好合好散。

神对哭哭啼啼的女人说：他是如此地爱你，甚至不惜许下明知自己难以实现的誓言——为了得到你的钟情，他又有什么誓言不敢发呢？

◆ 错过了就别强求

涵年轻时与一少女相恋多年。那少女活泼、开朗，能歌善舞，是个人见人爱的"黑牡丹"。可由于阴差阳错，他们分手了，"黑牡丹"远嫁他乡，而涵也早已为人夫、为人父。

婚后，涵一直觉得自己极其"不幸"，他觉得妻子这也不顺眼，那也不遂心，长相不佳、吃相不佳、睡相也不佳。总之，妻子没有一样称他的心如他的意，与人见人爱的"黑牡丹"简直不能同日而语。

涵的妻子常为此而黯然伤神。经过数年的吃醋、争吵之后，妻子索性放开他，准许他去异乡看望他的梦中情人"黑牡丹"。

涵如蒙大赦般地去了，在三天两夜的火车上，他设想着种种重逢的浪漫情节。终于，在一个如泣如诉的黄昏，他满怀憧憬、心跳过速地敲开了"黑牡丹"的家门。

开门的是一个腰围大于臀围的黑胖妇人，这个妇人已经不认识分别了20年的涵了。"你找谁？"妇人粗声粗气地问。

难道这就是令他魂牵梦萦、朝思暮想的"黑牡丹"？涵敷衍了几句之后，落荒而逃。

有人说：错过的东西最美好。这句话应该说有一定的哲理。因为错过了，我们常常会把错过的东西放在心中，一次又一次地回忆、玩味，同时不经意地将它在心目中像写小说、拍电影一样去完善它，直至完美——不管这有多么幼稚可笑，而自己却坚信不已。

错过了的就别强求了，还是把握住当下。给自己的心中留下一份美好的憧憬，给身边的人留下一份好心情。

我曾经那样深地爱过你，

这段挚爱，

也许还没有完全从我的心灵中离去。

但愿它不再烦恼我，

也不会给你添加愁絮。

我再也不愿使你难过悲伤，

因为，

我无言地无望地爱过你。

我忍受着怯懦和忌妒的折磨，

我曾经是那样真诚那样温柔地爱着你，

愿上帝许给你另一个人，

也像我一样的爱你。

◆ 把注意力放在爱人的优点上

有一位结婚不久的女子心情非常烦闷。她回到娘家总爱在父母面前诉说丈夫的不是，历数他的缺点。父亲听了不以为然，他拿出一张白纸，在上面画了一个点，然后他拿着纸问女儿："你看上面是什么？"女儿不假思索地说："黑点。"父亲再问，女儿又说："是黑点啊。"父亲说道："难道除了黑点，你就看不到这一大块白纸吗？"女儿听了若有所思，她明白了。从此以后，她不再在爹娘面前数落自己丈夫，两口子的感情也比以前好多了。

其实，金无足赤，人无完人，人非圣贤，孰能无过？明白了这一点，我们不妨改变一下自己的认识。事物都有正反两方面，如果你只注意黑点，那么你眼中就是一个黑色的世界。如果你注意的是白纸，那你就有一个洁白、宁静的心境。很多人无法走出这个怪圈，他只注意到事物的某一方面，而把另一方面忽视了。冷静地想一想，其实自己的丈夫、妻子除了一些缺点以外，还有许多优点呢。

"爱"无"情"的辅佐，恰如一颗失去王冠的头颅，少了应有的尊严，又像一朵光秃秃的花儿，没有枝叶相映成趣的韵致。

◆ 看到事物好的一面

"他从来没有真心地爱过我，只会逢场作戏，欺骗我的情感……"

一位刚离婚的太太眼泪汪汪地对大师述说丈夫的种种恶行。

"别太难过了。"大师安慰地说，"这也算不幸中的大幸，试想，如果你先生是真心爱你的话，你不就更惨了！"

"是没错啦！"那位太太回道，"但失去了婚姻，以后的日子叫我怎么办？"

"你没有得到的东西又怎么失去了呢？"大师说，"一段欺骗的情感、一场没有爱的婚姻、一个没有幸福的未来，你认为你能从中得到什么？"

受害者的特征之一，就是无法认知事情虽有不幸或糟糕的一面，但也有好的一面。

失恋就是与一个不适合你或你不适合的人分手，那有什么不好；分手就是与一个不爱你或你不爱的人脱离关系，那不是很好！

再找一个更适合你或更爱你的人，不是更好吗？

这是你面前的河，你百看不厌，觉得它是世间唯一的，你不让自己渡过。可是一旦过去，你就会发现，原来河流有千百条。

◆ 世上没有永远的爱情保证班

著名作家周国平写过一个寓言，说一个少妇去投河自尽，被正在河中划船的老艄公救上了船。

艄公问："你年纪轻轻的，为何寻短见？"

少妇哭诉道："我结婚两年，丈夫就遗弃了我，接着孩子又不幸病死。你说，我活着还有什么乐趣？"

艄公又问："两年前你是怎么过的？"

少妇说："那时候我自由自在，无忧无虑。"

"那时你有丈夫和孩子吗？"

"没有。"

"那么，你不过是被命运之船送回到了两年前，现在你又自由自在，无忧无虑了。"

少妇听了艄公的话，心情顿时敞亮了，便告别艄公，高高兴兴地跳上了对岸。

佛家对"舍得"的解释是：有舍才有得。舍得放手，你失去的也许是一棵树或一朵花；而你所面对的，将是一个森林和花园。

爱情都会累，这不是悲观者的话，而是乐观者的洞明事理：如果聪明乐观，你就会明白，世上没有永远的爱情保证班，考坏了还是可以卷土重来。

◆ 放飞你的爱人

天鹅湖中有一个小岛，岛上住着一位老渔翁和他的妻子。平时，渔翁摇船捕鱼，妻子则在岛上养鸡喂鸭，除了买些油盐，他们很少与外界往来。

有一年秋天，一群天鹅来到岛上，它们是从遥远的北方飞来，准备去南方过冬的。老夫妇见到这群天外来客，非常高兴，因为他们在这儿住了那么多年，还没谁来拜访过。

渔翁夫妇为了表达他们的喜悦，拿出喂鸡的饲料和打来的小鱼招待天鹅，于是这群天鹅跟这对夫妇熟悉起来，在岛上，它们不仅敢大摇大摆地走来走去，而且在老渔翁捕鱼时，它们还随船而行，嬉戏左右。

冬天来了，这群天鹅竟然没有继续南飞，它们白天在湖上觅食，晚上在小岛上栖息。湖面封冻，它们无法获得食物，老夫妇就敞开他们的茅屋让它们进屋取暖，并且给它们喂食，这种关怀一直延续到春天来临，湖面解冻。

日复一日，年复一年，每年冬天，这对老夫妇都这样奉献着他们的爱心。有一年，他们老了，离开了小岛，天鹅也从此消失了，不过它们不是飞向南方，而是在第二年湖面封冻期间饿死的。

在这个世界上，最伟大的莫过于爱；但爱也要有个度，超过这个度，爱就有可能变成一种伤害。

放飞你的爱人，否则，在不可知的未来，你的爱也许会变成一种伤害。

健康的爱情有韧性，拉得开，但又扯不断。谁也不限制谁，到头来仍然是谁也离不开谁，这才是真爱。

◆ 苏菲的黄玫瑰

苏菲坐在自家客厅的窗前，她是那么的安静，她在朝外面看着，静静地看着，她没想看到什么，可是她还是看见了：一群群经过的孩子——喧闹的男孩和说笑着的女孩，一个匆匆的邮递员，还有纷纷落下的雪。

她坐在一只摇椅上，摇椅是乔为他们的40周年婚庆而送给她的。椅子还在，而她的乔却已逝，永远的。

今天，是2月14日，情人节。明天，明天就是2月15日了，是他离去四个月的日子。

她看见花店的送货车，送货车开得很慢，最后停在了邻居玛逊太太的家门前。苏菲暗中琢磨着，是谁给她送的花呢？是她在威斯康星的女儿，还是她的哥哥？也许不会是她的哥哥，因为他病着，那就一定是她女儿了，多好的女儿啊……

然而玛逊太太显然没在家，她看见那送货人犹豫了片刻便朝自己这里走来了。

能不能先替邻居保存这些花？当然。

盛花的盒子几乎和桌子一样长，馥郁的玫瑰花香淹没了她，她闭上眼睛深深地呼吸着。她猜想这应该是黄玫瑰，乔过去送她的就是黄玫瑰。"给我的太阳。"他总是这样说，亲她的额头，握住她的手唱，"你是我的阳光。"

接下来苏菲似乎就已经在恍惚之中了。她踩着凳子从衣橱顶上取下一只白瓷花瓶注满了水，打开花盒取出玫瑰插了进去。她两颊绯红，抚着娇嫩的花瓣，脸上是陶醉的笑，甚至还轻盈优雅地舞了一小圈——她完全沉浸在对往事的美好回味中了。

她早已忘记这花并非属于她，她也许听见了玛逊太太的敲门声，可是她没有理会。

直到玛逊太太再次来，苏菲似乎才想起花的事情。花盒子已经打开，玫瑰令人尴尬地插在自家的花瓶里，苏菲的脸腾地一下就红了，怎么向她解释呢？

苏菲结结巴巴地想向玛逊太太道歉，然而却听她说："哦，太好了，想必你已经看到卡片了，但愿你的乔的笔迹没吓你一跳。他曾经让我在他去世后的第一个情人节替他送一束玫瑰给你，他不想吓着你，去年4月就在种花人那里安排好了。他叫它'玫瑰的信任'。你的乔是一个多好的人啊……"

苏菲已经听不见她在说什么了，她的心咚咚跳着，颤抖的手拿起一只小白信封——它一直附在花盒子上，然后拿出卡片，上面写着：

给我的太阳。全身心地爱你。当你想我的时候，要快乐一些。

爱你的乔

故事很短，可真的令人回味无穷。

应该记住的是，我们是活在今天，活在现在的。我们今天的生活，感受，欢乐，痛苦，以及平平常常的一些事，普普通通的一些人，都可能变成今后被回味的对象。既然如此，那么我们现在为什么对眼前的一切没有过分的感慨和哀伤呢？

爱在左，而情在右，在生命路的两旁，随时撒种，随时开花，将这一路长途点缀得花香弥漫，使得穿花拂叶的行人，踏着荆棘，不觉得痛苦，有泪可挥，不觉得悲凉！

◆ 三乘三"亲密大补贴"

一位男士有天晚饭后正在家中看电视，不知结婚三年的太太在一旁唠叨些什么，他专注地盯着电视，没去理会。

这时太太突然一下站了起来，开始在客厅里翻箱倒柜找东西，找着找着，逼近了他身旁，甚至把他坐着的沙发垫也给翻了过来。

这下他实在忍不住，便开口问："你到底在找什么？"

她说："我在找我们感情中的浪漫，好久没看到了，你知道它在哪儿吗？"

这个回答既幽默又令人心疼，也道出了许多老夫老妻心中的无奈。

在一起久了，感情的确稳定下来，但风味似乎也由浓烈转为清淡。

原先的激情不在，猛一回首，才惊觉自己手中一路捧着的爱情之花早已如风干的玫瑰，凋谢多时。

这阵子演艺圈不时传出消息，许多爱情长跑多年的银色情侣纷纷宣布分手，而普普通通的你我也听到周围朋友分分离离的消息此起彼落，不禁让人担心起来，爱情是否真是无常。

其实对待爱情，就应该如同照顾鱼缸中的热带鱼，必须常常换水以保新鲜，这样五颜六色的热带鱼才能自在地摇摆出绚烂的生命力。

美国心理学家安吉莉丝有个不错的建议，她把它称为"亲密大补贴"，是一个三乘三处方，亦即一天三次、一次三分钟，主动对另一半表达你的爱意。

每天的三次分别在什么时间进行比较好呢？不妨试试早上下床前、白天上班时以及晚上就寝前。

早上睁开眼，先别急着下床，可以抱抱另一半，享受跟心爱的人一起睡醒的温暖；还有，在白天找个时间通三分钟电话，告诉对方你正想着他；另外，晚上临睡前，更该花些时间相互表达浓情蜜意。

这个做法非常合乎快乐的原则，因为快乐感不能一蹴而就，而是源于随时产生的小小成就感累加后的效应。

把你的爱情当成鱼缸中的热带鱼，使用三乘三"亲密大补贴"来细心照料，你会发现，你的爱情将能永葆新鲜。

如果说只有以爱情为基础的婚姻是合乎道德的，那么只有继续保持爱情的婚姻也才合乎道德。

◆ 疤痕反而让人更坚强

"将盐撒在伤口上只会让你愈加疼痛。"大师对一位为失恋而痛苦的年轻人说。

"但，我就是忘不了啊！"

"如果痛苦已经发生，最好把它放下，就不会在痛苦的伤口上加上任何东西。"

如果伤口已经造成，那就别在上面撒盐了，免得扩大了伤口，甚至造成严重的感染。

谁在自己的伤口上撒盐？记忆也许会存在，但伤痛却可以忘怀。就像身上的疤痕一样，虽然在刚受伤的时候会流血和痛楚万分，但是当伤口痊愈后，伤痛就会消失，而疤痕反而让人更加坚强。

碰上变故，开始时我们会愣住，可是过了一段时间，我们便能学会忍耐沉着应对。

第六章　好心情让家庭更温馨

家的港湾要温馨，的确需要一定的物质基础作为保障。但千万不要因此忽略了精神上的给予。

一对青年男女步入了婚姻的殿堂，甜蜜的爱情高潮过去之后，他们开始面对日益艰难的生计。妻子整天为缺少财富而郁郁寡欢，他们需要钱，1万元，10万元，最好有100万元。有了钱才能买房子，买家具家电，才能吃好的穿好的……可是他们的钱太少了，少得只够维持最基本的开支。

她的丈夫却是个很乐观的人，不断地寻找机会开导妻子。

有一天，他们去医院看望一个朋友。朋友说，他的病是累出来的，他常常为了挣钱不吃饭不睡觉。回到家里，丈夫就问妻子："假如给你1万元，同时让你跟他一样躺在医院里，你要不要？"妻子想了想说："不要。"

过了几天，他们去郊外散步。他们经过的路边有一幢漂亮的别墅，从别墅里走出来一对白发苍苍的老者。丈夫又问妻子："假如现在就让你住上这样的别墅，同时变得跟他们一样老，你愿意不愿意？"妻子不假思索地回答："我才不愿意呢。"

他们所在的城市破获了一起重大团伙抢劫案，这个团伙的主犯抢劫所得超过100万元，被法院判处死刑。罪犯被押赴刑场的那一天，丈夫对妻子说："假如给你100万元，让你马上去死，你干不干？"妻子生气了："你胡说什么呀？给我一座金山我也不干！"

丈夫笑了："这就对了。你看，我们原来是如此富有：我们拥有生命，拥有青春和健康，这些财富已经超过了100万元，我们还有靠劳动创造财富的双手，你还愁什么呢？"

妻子把丈夫的话细细地咀嚼品味了一番后，心情开始变得快乐起来。

人生的财富不仅是钱财，它的内涵很丰富，钱财之外还有很多很多，还有比钱财更重要的。可惜，世间有很多人看不到这一点，心中烦恼便由此而生。

丽莎·普兰特指出："财富、健康和幸福的关系并不像很多人想象的那样明确。事实上，有许许多多的家庭是在令人难以察觉的绝望状态下生活的。这在工业化程度越高的西方，情况尤为严重。"一项统计显示，在美国社会中，一对夫妻一天当中只有12分钟时间进行交流和沟通，一周之内父母只有40分钟与子女相处，约有一半的人处于睡眠不足的状态。

时间的危机实际上是感情的危机。大家好像每天都在为一些大事疯狂地忙碌，然后疲惫不堪，没有时间顾及其他。大家都在劳动，都在创造；但是，生活真的变好了吗？

家的港湾要温馨无比，的确需要一定的物质基础作为保障。但千万不要因此而忽略了精神上的给予。

◆ 爱的礼物

爱德华先生是个成功而忙碌的银行家。由于成天跟金钱打交道，不知不觉，爱德华先生养成了喜欢用钱打发一切的习惯，不仅在生意场

心情是一种选择

上，对家人也如此。他在银行为妻子儿女开设了专门的户头，每隔一段时间就拨大笔款额供他们消费；他让秘书去选购昂贵的礼物，并负责在节日或者家人的某个纪念日送上门。所有事情就像做生意那样办得井井有条，可他的亲人们似乎并没有从中得到他所期望的快乐。时间久了他自己也很抱屈：为什么我花了那么多钱，可他们还是不满意，甚至还对我有所抱怨？

爱德华先生订了几份报纸，以便每天早晨可以浏览到最新的金融信息。原先送报的是个中年人，不知何时起，换成了一个十来岁的小男孩。每天清晨，他骑单车飞快地沿街而来，从帆布背袋里抽出卷成筒的报纸，投在爱德华先生家的门廊下，再飞快地骑着车离开。

爱德华先生经常能隔着窗户看到这个匆忙的报童。有时，报童一抬眼，正好也望见屋里的他，因此会调皮地冲他行个举手礼。见多了，就记住了那张稚气的脸。

一个周末的晚上，爱德华先生回家时，看见那个报童正沿街寻找着什么。他停下车，好奇地问："嘿，孩子，找什么呢？"报童回头认出他，微微一笑，回答说："我丢了5美元，先生。""你肯定丢在这里了？""是的，先生。今天我一直待在家里，除了早晨送报，肯定丢在路上了。"

爱德华先生知道，这个靠每天送报挣外快的孩子不会生长在生活优越的家庭；而且他还可以断定，那丢失的5美元是这孩子一天一天慢慢攒起来的。一种怜悯心促使他下了车，他掏出一张5美元的钞票递给他，说："好了孩子，你可以回家了。"报童惊讶地望着他，并没伸手接这张钞票，他的神情里充满尊严，分明在告诉爱德华先生：他并不需要施舍。

爱德华先生想了想说："算是我借给你的，明早送报时别忘了给我写一张借据，以后还我。"报童终于接过了钱。

　　第二天，报童果然在送报时交给爱德华先生一张借据，上面的签名是菲里斯。其实，爱德华先生一点儿都不在乎这张借据，不过他倒是关心小菲里斯急着用5美元干什么。"买个圣诞天使送给我妹妹，先生。"菲里斯爽快地回答。

　　孩子的话提醒了爱德华先生，可不，再过一星期就是圣诞节了。遗憾的是，自己要飞往加拿大洽谈一项并购事宜，不能跟家人一起过圣诞节了。

　　晚上，一家人好不容易聚在一起吃饭，爱德华先生宣布："下星期，我恐怕不能和你们一起过圣诞节了。不过，我已经交代秘书在你们每个人的户头里额外存一笔钱，随便买点儿什么吧，就算是我送给你们的圣诞礼物。"

　　饭桌上并没有出现爱德华先生期望的热烈，家人们都只是稍稍停了一下手里的刀叉，相继对他淡淡地说了一两句礼貌的话以示感谢。爱德华先生心里很不是滋味。

　　星期一早晨，菲里斯照例来送报，爱德华先生却破例走到门外与他攀谈。他问孩子："你送妹妹的圣诞天使买了吗？多少钱？"

　　菲里斯点头微笑道："一共48美分，先生。我昨天先在跳蚤市场用40美分买下一个旧芭比娃娃，再花8美分买了一些白色纱、绸和丝线。我同学拉瑞的妈妈是个裁缝，她愿意帮忙把那个旧娃娃改成一个穿漂亮纱裙、长着翅膀的小天使。要知道，那个圣诞天使完全是按童话书里描述的样子做的——我妹妹最喜欢的一本童话书。"

　　菲里斯的话深深触动了爱德华先生，他感慨道："你多幸运，48美分的礼物就能换得妹妹的欢喜。可是我呢，即便付出了比这多得多的钱，得到的不过是一些不咸不淡的客套话儿。"

　　菲里斯眨眨眼睛，说："也许是他们没有得到所希望的礼物？"爱德华先生皱皱眉头，他根本不知道他的家人想要什么样的圣诞礼物，而且似乎从来也没有询问过，因为他觉得给家人钱，让他们自己去买是一样的。他不解地说道："我给他们很多钱，难道还不够吗？"菲里斯摇头道："先生，圣诞礼物其实就是爱的礼物，不一定要花很多钱，而是要送给别人心里希望的东西。"

菲里斯沿着街道走远了，爱德华先生还站在门口，沉思好久好久才转身进屋。屋子里早餐已经摆好了，妻子儿女们正等着他。这时，爱德华先生没有像平时那样自顾自地边喝牛奶边看报纸，而是对大家说："哦，我已经决定取消去加拿大的计划，想留在家里跟你们一起过圣诞节。现在，你们能不能告诉我，你们心里最希望得到什么样的圣诞礼物呢？"

现代人的生存压力越来越大，并且大多数家庭的经济压力都在男人身上。因此，男人在外面打拼，实在是劳心劳力。这些在外打拼的事业型男人，常以为努力给家人提供更优越的物质享受是自己应尽的、唯一的义务，他们会忽视家庭成员的精神需求。殊不知人是感情动物，精神上的需求是金钱所不能代替的。其实，在特殊的日子里买束花给妻子，在六一儿童节带孩子去趟动物园，并不会花去你多少精力。你若能将爱表达得感性一点，相信你会为因此拥有一个更加和美的家庭港湾而感到精神百倍！

父亲们的最大优点是以事业为重，最大缺点是过分以事业为重。

◆ 夫妻间保持好心情的方法

不少人常抱怨婚后的生活枯燥又乏味，这是因为他们不懂得在夫妻间保持好心情的方法。我们每个人都希望和自己的爱人共同回到年轻的时代，都希望维持恋爱时的美好感觉，而这一点就是保持家庭和睦的绝招。

比如，在忙完一天的家务之后，你不妨搞一点儿艺术方面的游戏，送配偶一张拼贴画做礼物，这可以真正检验你的创造力。买本杂志，把只对你俩有意义的图片和话语剪下来，从不同的角度把它们巧妙地组合起来，然后专门给它做个框子，镶起来。你简直不敢相信它做好以后，会是多么富有意趣。你也可以送对方一盘磁带，这是渴望浪漫的另一个简单易行的办法。把你的声音录在磁带上，可以录上你多么爱她，为什么爱她的内容，或者录上一首好诗，最好录上你所选好的有特殊意义的歌，在磁带上系一个大蝴蝶结，然后把它留在她的汽车座位上，并留一张纸条，告诉她，你希望她在开车去工作的路上，听听这盘磁带。你也可以把磁带放在家里某个她一定能找到的地方。

对于女性配偶，可以送给她一个绒毛动物玩具，相信女人内心里都想有一个又大又漂亮、蓬松的绒毛动物玩具，现在这种东西多得足以由你任意挑选。如果你再自己编写上一些情话，会更有魅力。如果是只大猩猩，就写上"我是你第一流的男人"，这样，也许对方在哈哈大笑之余仿若回到了过去的恋爱时代。

假如一个男人能为她心爱女人做以上这些，那么没有哪个女人不会感到格外的幸福。爱情之火不熄，爱情之树长青。除此之外，下列方法也可供你选用。

例如，预先告知配偶，他将得到什么礼物，多制造家庭化气氛。所送的礼物以接近于实用的物品为好，如刺绣的衬衫、工艺台灯，等等。向爱人送礼物有必要先了解清楚他（她）喜欢什么，并告诉他（她）。如果爱人知道一周后丈夫或妻子将要送给自己一件喜爱的礼物，那么这一周里，他（她）每天每夜都会高兴地盼着。一旦突然将礼物送到他

（她）的面前，便会收到极好的效果！对方会非常欣喜，并对你充满感激，但如果你事先没有打听好，到时候赠送给他（她）的礼物并不是对方喜爱的，那就糟糕了，此时，你非但不会赢得好感，而且很有可能招致抱怨。

无论男女，都非常惧怕年龄的增长。不少妇女，不管自己年龄有多大，仍勤于修饰打扮，而且精于美容之道。由于这种原因，使得讨好配偶变得容易了。只要在结婚纪念以及类似可以纪念的日子里；想办法创造一种和年轻时一样的气氛，便能博得欢心，因为这迎合了配偶追求浪漫和惧怕衰老的心理。两人可以坐到一起，共同回忆刚开始恋爱的事情。在这样的日子里可以给爱人买些礼物，譬如香水、领带、手表做礼物。送的礼最好是个人用品，不要送共同性的物品，如窗帘、收录机一类的，因为这类礼物，对方也许会觉得你心不诚，不是专门为他（她）买的礼物。而如果你对夫人说"你一点都没变，总是那么年轻，我感到很幸福"一类的话，她会更高兴的。

也有的配偶更喜欢家庭成员的聚会，这方面的兴趣似乎胜过了两个人单独在一起卿卿我我。所以，不论是谁的生日或是母亲节、重阳节什么的，都可以借机把全家人召集在一起聚会一次，以从中获得乐趣。

婚姻是一种非常高的理想，它的维持需要我们做出许多的努力和创造性活动，不是身心健康的人，是很难负起这个重担的。

◆ 给家庭挤出些时间

一位父亲下班回到家已经很晚了，很累并有点烦，他发现他5岁的儿子靠在门旁等他。

"我可以问你一个问题吗？"

"什么问题？"

"爸，你1小时可以赚多少钱？"

"这与你无关，你为什么问这个问题？"父亲生气地说。

"我只是想知道，请告诉我，你1小时赚多少钱？"小孩哀求。

"假如你一定要知道的话，我1小时赚20美元。"

"喔，爸，我现在有20美元了，我可以向你买一个小时的时间吗？明天请早一点儿回家，我想和你一起吃晚餐。"

这个故事让人动容：时间可以换取金钱，也可以换取家庭的亲情和快乐。给家庭挤出些时间吧，因为有些东西是拿钱买不到的。

在我们这个世界，许多人都认为，家是一间房子或一个庭院。然而，一旦你或你的亲人从那里搬走，一旦那里失去了温馨和亲情，你还认为那儿是家吗？对名人来说，那儿也许已是故居；对一般的百姓来讲，只能说曾在那儿住过，那儿已不再是家了。

家是什么？1983年，发生在卢旺达的一个真实的故事，也许能给家做一个贴切的注解。

卢旺达内战期间，有一个叫热拉尔的人，37岁。他的一家有40口人，父亲、兄弟、姐妹、妻儿几乎全部离散丧生。最后，绝望的热拉尔打听到5岁的小女儿还活着，他辗转数地，冒着生命危险找到了自己的亲生骨肉，在悲喜交集中，他将女儿紧紧搂在怀里，第一句话就是："我又有家了。"

在这个世界上，家是一个充满亲情的地方，它有时在竹篱茅舍，有时在高屋华堂，有时也在无家可归的人群中。没有亲情的人和被爱遗忘的人，才是真正没有家的人。

在生活中，我们常常听见有人说，"等我有钱了，一定要让我爸妈过好日子，让他们去旅游，让他们……"，等等。但是，又有几个人知道"树欲静而风不止，子欲养而亲不待"这样一句古话呢？

很多人都有这样的经历：父母为了把我们养大成人，舍不得吃，舍不得穿，千方百计地保证我们的开支。斗转星移，当年的孩子步入工作岗位了，他要结婚，要买房，要给孩子攒学费……在这样那样的忙碌中，他忽视了远在老家的双亲。也许，他还在想：等我再有些钱，就请他们上大饭店好好吃一顿，让他们出去旅游……然而在你去攒这些钱的过程中，忽然有一天，你发现这些钱已无法再花费出去了……这种痛，永远无法弥补；这种伤，永远无法愈合。

钱没有挣够的时候，但人的生命却有尽头。请在给予家人爱时，不要再给自己寻找等候的理由。

最不幸者，是那些有家等于没家的人。

◆ 分享快乐，共担压力

家人共处的日子是上天的一大赐福，也是我们努力使家人紧密相连的结果。当家庭生活平衡时，它可以为家庭成员带来最深的爱和最大的支持力量。

家庭通常是发泄情绪的第一选择地。如果哪一天在外面不顺心，我们可能把恶劣的情绪带回家，而最先出现的迹象就是"砰"的一声，狠狠地把大门关上。有些人喜欢把家里搞得乱七八糟，这也是心情不好的现象。

心情不好的人很容易就会心浮气躁，做什么事都没耐心。我们每个人都有许多不同的面，有时候能干得令人赞叹，有时候又很笨拙；有时候可能很慷慨，有时候又显得很自私；有时候我们可能很有耐心，但有时候又很容易不耐烦。

即使不开口说话，家人也会比其他人更了解我们的情绪波动。注意到家人和平常不太一样时，最好的协助方式，就是提供没有压力的安静环境，让他们放松心情。你可以帮他们准备喝的或吃的东西，放在他们身边，或是让他知道，你就在附近，有任何需要叫一声就行了。

没有任何地方能像家那样可以让人安心发泄情绪，但却不能因为家人对我们不变的爱，就随心所欲，想怎么样就怎么样，以为其他家庭成员就要体谅你。

其实，如果太以自我为中心，就会把太多的压力强加在别人身上，总有一天别人也会因受不了而爆发的。

换个角度来看，没有人可以指望我们毫无止境地付出。我们也该画一条界线，这并不表示我们没有同情心，不顾亲情，而是我们知道极限在哪里。

在紧张和有压力的生活中，家庭的凝聚力和互相扶持的功能，使我们更能面对无常的人生。也许只有在最艰难的时候，我们才最能了解家庭的力量。

◆ 感谢停电

生活就像确定的模子，铸出了一个个相同的日子。每天清晨，匆匆地起床，大人上班，女儿去幼儿园。晚上一回家，妻子和我匆匆忙忙弄好晚餐，稀里糊涂地填饱肚子。然后，看电视，从《新闻联播》开始，即使没有精彩的节目，也常常打着哈欠等一个个电视台的播音员说"再见"。

那天，一切都同往常一样，只是刚准备吃晚饭，突然停了电，电视没法看了。饭后无事可做，一家三口做了一次久违的散步，女儿在操场上安排我们做了好几个从幼儿园学来的游戏。一家人玩得好开心。

回到家中，坐在烛光下，正觉无聊，一眼瞥见了墙上挂着的吉他。取下尘封的吉他，试着弹了几曲，僵硬的手指渐渐地舒展开了，妻子和我唱了一曲又一曲曾经一起唱过的老歌，似乎回到了恋爱的季节。女儿听得入了迷，拉大嗓子也要加进来，我只好用吉他给她的儿歌伴奏。这一夜，我们一家子唱了好久好久。

"感谢"停电。生活中本有许许多多温馨、隽永的时刻，可是我们在现代生活的诱惑下，已越来越不注重感情的交流，爱情、亲情、友情都不知不觉被电视节目湮灭，以致总觉得生活枯燥平淡。但在这个晚上，只因为停电，一股温暖、快乐的亲情荡漾在家中。

我们常常梦见天堂，或者说梦见各种各样的天堂，但每一种天堂都在我们去世之前就早已成为失去的天堂，在其中我们会感到连我们自己也失落了。

◆ 在平淡中过出情趣

有的人在结婚时对婚姻生活有一种新鲜感，对过家庭生活很有热情，俗语说就是很有"心气"。但日子久了，新鲜感消逝，总觉得日子都一个样，今天像是昨天的翻版，明天就是今日的复制，找不到生活的鲜活感，变得机械，甚而麻木。见诸报端杂志的关于家庭生活的讨论中，经常有这样的题目，比如，"生活的激情哪里去了？""机械程式的日子使人麻木"，等等。在这种心态下，本来平淡的日子就会过得更没意思，过得提不起精神来。实际上，生活虽然平淡，但仍然是能够在平淡中过出情趣的，这主要看对生活取什么样的态度。

在家庭生活中，有的人把生活看得太过于实在，完全把自己局限于具体的生活事务中，有意无意地挤掉了可以存在的一些情调。妻子的生日到了，丈夫兴冲冲地买了一束鲜花献上，可妻子却怪丈夫买花太贵，责怪丈夫为什么不用买花的钱去买一些肉食蔬菜。一句责怪，就可能浇灭丈夫的热情，浇灭本该有的一点儿浪漫。事情不大，如果接二连三地出现，丈夫哪还有兴致去搞可以制造情趣的"伎俩"呢？

而有的夫妻则在共同营造这种气氛，努力使婚姻生活保持长久的鲜活。比如最近报纸上介绍了这样的事例：

有一对夫妻每过一段时间就像恋爱时一样到当初经常见面的地方约会。女的会在家精心打扮一番，男的则从单位下班后直接赴约。每次约会都使他们感到一份惊喜，重温往日的柔情，他们说，这样做使他们在平淡的生活中，依然能感受到令人陶醉的情趣。

如果消极、被动地适应漫长的婚姻生活，你就无论如何也没法感受到生活的情趣，只有以积极、主动的态度，达观的姿态面对生活，你才能使日子常过常新。当然，每个人追求的情趣是不一样的，因为每个人的禀性、兴趣、爱好都不同，但是只要有心，你就总能找到自己所希望的那份心情，在平淡，甚至单调、枯燥的日子里，创造出鲜活的亮色。

把爱情落实到具体的生活中去，使之天长地久。

◆ 让自己开心的秘诀

周末与家人团聚，各自谈论自己感兴趣的事情。父亲总是用他那稳稳当当、不紧不慢的语调重复着那些老掉牙的话题。我们总是做出很认真听的样子。真的，这不是虚伪，只要你喜欢，那种其乐融融的气氛就会永远围绕着你，你就会快乐。

第一次吃西餐，傻傻地用叉子举起一整块面包，全然不顾周围人的惊讶与讪笑，依然吃得津津有味。只要你能够在旁人阴冷的目光里做你喜欢做的事，仍然保持你不加修饰的天真的稚气，你就会快乐。

几天前，与一位失恋的朋友谈及人生意义的问题。她说，女人只有附属于男人生活才会有意义，才会幸福。她不想依附，所以她老是失恋。这说法我实在不敢苟同，我很想反问："假如你现在没有失恋，你处处依附他，你觉得幸福吗？"关键的是你自己，幸福与否要靠自己争取。只要你能够在芸芸众生里保持一点儿属于你自己的个性，不委屈自己也不委屈别人，潇洒地生活，那么，你就会永远快乐。

生活如七彩的阳光。痛苦有时是欢乐的源泉，失败或许是成功的基石。大雨过后必是晴空。所以，你想哭的时候，就痛痛快快地大哭一场；想笑的时候，也不妨真诚地笑上几次。只要你喜欢！

快乐的人即使没有半个铜板也不是一个一无所有的人。

快乐是人的一笔重要财富。

◆ 为女人开心支着儿

在家里，不要让丈夫做恶人。不要对孩子说："等爸爸回来打你一顿。"或者说："就算我答应你，爸爸也不会。"

不要向丈夫唠叨，老是提出自己的问题。

假使要他做的事情很麻烦（例如擦窗子），就弄点儿好菜给他吃，替他买一件新衣服。

当初你怎样使他爱上你，现在不妨再迷住他。

他在聚会中唱歌或扮小丑，不要嘘他。

不要老是告诉他，他已经年纪大了，这事或那事不能再做了。

睡觉的时候，脸上不要涂太多的面霜。

假使他总是热情洋溢，得寸进尺，不妨间或如法回敬他一下。

送给他的礼物要自己付钱——不要买一件礼物给他，又挂他的账。

不要老是问他："你爱我吗？"

他说爱你的时候，要相信他的话。

在滚滚红尘中，我们相识了，相爱了，我们不希望永远独自漂泊，于是我们一起上了婚姻的船。

◆ 女人如何给心理减压

就每天的压力程度而言，女性比男性更辛苦。尤其在家庭、职业、金钱方面，女性感到的压力远远超过男性。压力大的原因，除社会外界因素，女性自身的心理因素占了很大成分，女性事事追求完美的心态是造成压力感的主要原因。为帮助女性减压，心理学家提出了"不完美"的观点。

第一，不要对丈夫要求太高。丈夫能为家庭提供生存保障，作为妻子就不要太苛求丈夫的温存体贴，而能给自己带来精神抚慰的丈夫，妻子就不要强求他再做个挣钱高手。

第二，不要对自己要求太高。工作上给自己定一个差不多的目标就行了，不要太在意上司对自己的评价。否则，遇到挫折就可能导致身心疲惫。

第三，不要处处谨小慎微。还是要有点"我行我素"的气魄。

第四，要有一两个闺中密友。许多女人不喜欢交同性朋友，其实不顺心的时候找个女友倾诉一番，烦恼会便淡漠许多。

女人不是蜗牛，不需要一生都负重前行。累与不累，就在于能不能给心理减压。

做个简单女人将是一个快乐而自由的女人。心灵没有锁链，不必花心思去计较旁人不恭的眼神，更不用绞尽脑汁地争名夺利。心静如水，无怨无争，简单之中外露平凡、内显洒脱。

◆ 成熟与不成熟者的区别

所谓成熟女性，她们在自尊上不依赖他人。她期望别人了解她的价值，但并不希望人们毫无异议地对她赞同或追随。她将自己的观点表达出来，只是因为她崇尚自身的品质。她不太注意别人如何看好，不像小孩一样依赖于父母、家庭或教师的评价。

所谓成熟女性，她们有足够的力量面对自己的不安全感，忍受由此衍生的焦虑，并坚韧不拔地克服它。这样就产生了深层的自我价值感。

所谓成熟女性，她们在自尊上如磐石，但这不能使女性摆脱所有的痛苦和不安全感。就算是被所爱的人抛弃，病魔缠身，工作失意，没有得到提升甚或突然遭到解雇，她们都能勇敢地面对。成熟者和不成熟者的区别，与其说在于他们从焦虑和抑郁中体验到痛苦的程度，还不如说在于她们迅速恢复的力量，回到现实，认清暂时的倒退并不意味着毫无价值。痛定思痛，正确地看待一切，这种能力是成熟女性用以处理和克服失望的武器。

成熟女性在窘困的时候，接受自己求助的需要。既不过分依赖他人的庇护，也不刻意炫耀自己的独立。她不耻求援，同亲密者商量、讨论，而不是一意孤行。

20岁的女人靠青春赢得赞赏，30岁的女人靠成熟获得呵护。

◆ 最重要的是平等相处

有一天晚上，皇宫举行盛大宴会，维多利亚女王忙于接见贵族王公，却把她的丈夫阿尔倍托冷落在一边。阿尔倍托很是生气，就悄悄回到卧室。不久，有人敲门，房间里的人很冷静地问："谁？"

敲门的人昂然答道："我是女王。"

门没有开，房间里没有一点儿动静。敲门人悻悻地离开了，但她走了一半，又回过头，再去敲门。房内又问："谁？"敲门的人和气地说："维多利亚。"

可是，门依然紧闭。她气极了，想不到以英国女王之尊，竟然还敲不开一扇房门。她带着愤愤的心情走开了，可走了一半，想想还是要回去，于是又重新敲门。里面仍然冷静地问："谁？"

敲门的人委曲又婉和地说："我是你的妻子。"

这一次，门开了。

夫妻之间最重要的就是平等相处。如果一方因自己的社会地位稍高而俯视对方，也许能维持住婚姻，但是，不能保持爱情。

与情人的小冲突，常常要靠温存、沉默和忍耐来解决，而说理往往无济于事。

◆ 充耳不闻的应对之道

恋爱4年后结婚，婚礼当天早上，露丝在楼上做最后的准备，母亲走上楼来，把一样东西慎重地放到露丝手里，然后看着露丝，用从未有过的认真对露丝说：

"我现在要给你一个你今后一定用得着的忠告，这就是你必须记住，每一段美好的婚姻里，都有些话语值得充耳不闻。"母亲在露丝的手心，放下的是一对软胶质耳塞。

正沉浸在一片美好祝福声中的露丝十分困惑，更不明白在这个时候，母亲塞一对耳塞到她手里究竟是什么意思。但没过多久，她与丈夫第一次发生争执时便一下明白了老人的苦心。

"她的用意很简单，她是用她一生的经历与经验告诉我，人在生气或冲动的时候，难免会说出一些未经考虑的话；而此时，最佳的应对之道就是充耳不闻，而不要同样愤然地回嘴反击。"露丝心里想。

但对露丝而言，这句话产生的影响绝非仅限于婚姻。作为妻子，在家里她用这个方法化解丈夫尖锐的指责，修护自己的爱情生活。作为职业人，在公司她用这个方法淡化同事过激的抱怨，优化自己的工作环境。她告诫自己，愤怒、怨憎、忌妒与自虐都是无意义的，它只会掏空一个人的美丽，尤其是一个女人的美丽。每一个人都有可能在某个时候说一些伤人或未经考虑的话，此时，最佳的应对之道就是暂时关闭自己的耳朵。

"你说什么？我听不到哦……"露丝凭这一句话，在爱情与事业中获得了双丰收。

爱情像一笔存款，相互欣赏是收入，相互摩擦是支出，相互忍让是节约。

◆ 用沟通瓦解两心间的壁垒

"你们为什么不好好沟通呢？"心理专家向一对已经冷战数日的夫妻问道。

"我跟他没什么好说的。"太太说。

丈夫听完也不甘示弱地回道："我才懒得理你！"

看到这种情形，心理专家用低沉的声音问道："如果，你们知道在今天回家的路上，一个人会遇到不测而丧命，你们还会坚持这种态度吗？"

两人迟疑了一会儿后，都不好意思地回答。"喔！当然不会。"

"那么，你们一定要等到那时，才愿意和解吗？"

不要等到明天，才让所爱的人知道你对他们的爱；不要等到明天，才原谅对方的过错；不要在纷争还没得到化解之前，就置之不理。

因为，每次你遇见某人，即使一切都如此平常，但都有可能是你们最后的一面。

沟通是上帝赠予人类的美妙礼物，它能瓦解心与心之间的壁垒，让心不再孤单与寒冷。

◆ 不要把小事放大

婚姻是需要双方来维护的，只有彼此信任与坦诚、深入地沟通才能持久，相互置气并不养家，更不能因一段小小的误解而断送美满的婚姻前程。

小张和阿芳结婚4年了。4年来，他们经常为一些鸡毛蒜皮的小事吵吵闹闹。

这天阿芳回娘家，小张下班回来发现钥匙弄丢了，进不了门。他费尽周折，最后才在邻居那里"借"来一个特别瘦小的孩子，让孩子从防盗窗的空隙钻进去，打开房门。

小张知道小抽屉里还有一把备用的钥匙，他拉开小抽屉，可钥匙却不见了。等妻子回来，小张就问："阿芳，小抽屉里的钥匙呢？"阿芳不高兴地说："我把钥匙给我父亲了。怎么，这你也要管？怕我父亲开门来偷东西？你放心吧，我父亲不是贼。"小张本来想告诉妻子说自己今天丢失了钥匙，可听到妻子一开口火气就这么大，他就懒得说了。

阿芳的嘴爱说话，把小张追问钥匙的事告诉了母亲。阿芳的母亲赶紧对丈夫说："老头子，你快点把钥匙还给小张，万一他家里丢了什么东西，你跳进黄河都洗不清。"阿芳的父亲生气地说："我要他的钥匙是为了送米给他的时候方便进门，谁偷他的东西啦？"

阿芳的父亲终于把钥匙还给了小张。从此以后，他不再送米给女婿了。阿芳的父亲心中愤愤不平，一见到熟人就把他送米给女婿反而被女婿当作贼的事讲一遍，讲完后总是叹气说："唉，我真是瞎了眼，把女儿嫁给这么缺德的人。"

不久，阿芳父亲的话传到了小张的耳朵里，他气呼呼地质问他："你怎么骂我缺德？"阿芳的父亲说："你就是缺德！我当初让阿芳嫁给你真是瞎了眼。"小张说："嫁错可以离婚嘛！"阿芳的父亲说："离就离！"

阿芳却不想离婚，她拉住小张的衣袖说："如果你改正，我愿意跟你过一辈子。你快向老爸认个错吧。"小张说："你们把污水泼在我身上，还要我认错，岂有此理？"阿芳生气地说："你不要抵赖了，现在谁不知道你把我父亲当作贼？"小张说："算了算了，我怕你，我走。"

离婚后，小张和阿芳才想：到底为什么离婚呢？好像只为一把钥匙，又好像为了很多。

大部分危害到婚姻生活的不幸福，都起源于对小事的疏忽。夫妻之间的快乐，是非常细致的结构，绝不可以粗率地处理；它是株敏感的植物，它甚至受不了粗重的触摸；它是朵娇贵的花，漠然会使它冷却，猜疑则使它枯萎，必须淋以温柔的情爱，借亲切欢乐的光辉而开放，并以牢不可破、坚不可摧的信心之墙为其守护。

◆ 家的味道

女作家王安忆在其长篇著作《长恨歌》中，这样形容女主角的美：她的美是家常的那种，宜室宜宅，很平易，而不像寥若晨星的冰雪美人那样的高不可攀。在实际生活中，我们大都倾向前者这种平常但亲切的美。人尚且如此，何况居室呢？

我见过许多人家居室的装修，他们在地面上铺大理石或其他高级质地的瓷砖，这还嫌不够，他们还用墙围子把居室四周严丝合缝地包裹起来，千篇一律毫无特点。在宾馆饭店，面带微笑的服务员总是要提醒我们宾至如归，就像自己在家中一样随意。可现在则完全倒过来了，我们回家就如同一脚踏进了宾馆的客房，这叫我们如何能怡然自得？如此这般又如何能使其劳顿的身心得到休整呢？

并不是所有人家的装修都具品位，但我所认识的一位在中央美院任教的朋友显然是个例外。他的花钱不多却独具个性的居室装修，得到了圈内朋友的一致称赞。他在家里破天荒地放了一个东北大炕，墙上还挂着一个大蒲扇，一切都洗尽铅华返璞归真。

初学英语的时候，我们常常搞不懂家的几种说法，即Home和House各有什么不同。后来才知道，前者是指抽象、无形的家，后者是指具体、有形的家，而我们中文所说的家则包含了其中的全部含义。

似乎，我们对幸福之家的憧憬已在那首脍炙人口的英文歌《可爱的家》中描写得淋漓尽致，所以最后作者无限感慨地说：There is no place like home（世上没有什么地方能比得上家）！但有谁又能想到，歌词的曲作者原是一个流离失所的穷光蛋呢？令人悲哀的是，理想与实际的差距就是这样大。但也许只有当我们得不到家或者失去了家的时候，才能更深刻地感受到家对我们人生的真实含义。

一个朋友突然于近日离了婚，他们离婚的理由很简单：妻子很少做饭，即使有时间，她似乎也对做饭没有多大的兴致，她怕油烟损害了发质和皮肤，偶尔下厨时，便包头包脸，还要戴塑料橡皮手套，那样子像在硝烟弥漫的战场上如临大敌。他有一个观点：一个女人要想拢住他，就得先拢住他的胃。其实他也并不是那种贪于口福的人，相反，他在外面应酬不断，常和一帮素不相识的或者貌合神离的人东拉西扯废话连篇，这样一来，再美味的食物也味同嚼蜡；而他在和三两知己共聚一起的时候，彼此的言语声声入耳，虽然只有几样小菜，几杯浊酒，但是他也觉得自己吃得津津有味。他的老婆在一家著名的服装公司任职，年纪轻轻便已爬上高位，为了保持住胜利成果，她必须更加拼命地大干快上。两人的经济都不乏实力，但他们常常没有时间在家里共享一顿可口的家常饭。通常都是他回来得早一些，每至楼道时，就有别人家的饭香丝丝缕缕地飘入他的鼻孔，还不时伴随着叮叮咚咚的锅碗瓢盆的碰撞声，炒菜下锅的嘶啦嘶啦声。对他而言，这真是一曲美妙的交响乐，他说：这就是家的味道。可自己家呢，十天有九天是清锅冷灶，没有任何的人间烟火气。久而久之，他觉得这个家已经名存实亡。在听到那首萨克斯独奏《回家》时，他不由得泪流满面。

从这么一个家的悲欢离合上，显示的不正是我们的"家"在现代生活环境下的变形和可怜，以及我们正在为此所付出的代价吗？

结婚后夫妻间关系并不是单方面的需求和给予，必须各尽所能，各得其所，才可以发挥到爱的极致。

◆ 乱有乱的可爱之处

一个温暖的家庭无论是在布置或气氛方面，都应该舒适得令人心情放松。

有些女人从来不准孩子邀小朋友来家玩，因为怕他们把漂亮的家具弄坏。她们的丈夫当然也不能在家里抽烟，因为怕烟味渗透了窗帘。一切用具、报纸杂志，用后必须摆回原处，不能有丝毫零乱。这种近乎神经质的要求，令全家人都备受束缚。

其实，丈夫经过一天的工作辛劳，回到家里当然希望能松弛紧张的神经，得到充分的休息。因而对他来说，漂亮精致的椅子、高贵的沙发可能比不上一张可以随便躺下、搁放双脚的沙发。所以，千万不要本末倒置，不要让人老去迁就那些高贵的家具，说这碰不得，那也坐不得，弄得家人一个个神经兮兮的。合适的做法应该是让物来迁就人。

有不少女性朋友常四处抱怨，她们的先生老是把客厅弄得乱七八糟。但是我却认为，这没什么大不了。她们不是希望所爱的人快乐吗？那么对于这些小节就看得开一点儿，睁一只眼，闭一只眼吧！凌乱反正是可以整理的嘛，何况有时候一点点自然的凌乱，不也透露出你们存在于这间屋子的痕迹吗？换个角度看，乱也有乱的可爱之处。

当然，一个家也不能乱得像个狗窝。乱七八糟的厨房堆满了未洗的盘子，浴室里积垢满墙、污臭难闻，床单脏得令人生畏……这样的家庭很容易把人的心情搞坏。

对于居家的环境，我尤其欣赏丰子恺的一句话：三分凌乱，七分整洁。这就是说，"乱"可能体现了主人的个性，并无大碍。但是，万万不可脏！因为又脏又乱那就不是"以人为本"了。换句话说，即便是"鸡窝""狗窝"也得有个"窝"的样子。

过分考究的家居环境，会为人的种种行动设置障碍。它其实成了人的主人，作为奴隶的人在它的淫威下苟且偷生能快乐吗？

第七章 用好心情让人际关系更融洽

每天都想想，怎样才能让别人心情舒畅？这样，好心情就会回馈到你的身上，使你远离痛苦与烦恼。

当别人的心情好时，你也将在别人的好心与善待中得到一个好心情。

你一定有过这样的经历，当你以微笑示人时，你得到许多人的微笑。你给人以欢乐，欢乐便围绕着你。

情绪具有辐射性，亦具有反射性。

让自己保持快乐的心境，不仅是一种内涵，更是一种处世哲学。正如英国诗人曼殊所说的："在快乐的日子里，人们变得比较聪明。"

一个主管，如果性情粗暴乖戾，每次走进办公室，先对员工们发一通牢骚，甚至是一顿火，本来心情愉悦的员工们，马上情绪低落，无精打采。相反地，假使这位主管一边吹着口哨一边迈着轻快的步伐走进门，很高兴地和同事打招呼，那么，这种心情也会感染别人，整个办公室便会显得生机盎然。

我们不管身在何处，都可以改变别人的心情。你给人家什么，人家就回敬你什么；你释放出美满，得到的一定是幸福。

司机们几乎都是脸色凝重，因为他们必须聚精会神地开车；乘客却常常谈论一些冗长无趣的事情，所以，当你踏上公共汽车时，不妨先礼貌地给司机先生一个微笑。

只要你微笑，世界也是开心的、融洽的、和谐的。

◆ 要学会分享和给予

有一天，上帝对教士说："来，我带你去看看地狱。"他们进入了一个房间，许多人正在围着一只煮食的大锅坐着，他们眼睛直呆呆地望着大锅，又饿又失望，心情格外郁闷。原来他们尽管每个人手里都有一只汤匙，但因为汤匙的柄太长，食物根本没法送到自己的嘴里。

"来，现在我带你去看看天堂。"上帝又带教士进入另一个房间。这个房间跟上个房间一样，也有一大群人围着一只正在煮食的大锅坐着，他们的汤匙柄跟刚才的那群人的一样长。所不同的是，这里的人心情愉快，又吃又喝，有说有笑。

教士看完这个房间，奇怪地问上帝："为什么同样的情景，这个房间的人心情快乐，而那个房间的人却郁闷呢？"上帝微笑着说："难道你没有看到，这个房间的人都学会了喂对方吗？"

这个故事生动地告诉世人，人活在世上要学会分享和给予，养成互爱互助的行为。他们在地狱里看到的那群自私鬼，宁愿自己饿得发慌，也不愿去喂对方。

英国著名诗人布朗宁说："把爱拿走，地球就变成一座坟墓了。"而在天堂里，看到的是"施恩于人共分享，献花手中留余香"。正像俄国伟大的作家托尔斯泰所说："神奇的爱，使数学法则失去平衡，两个人分担一个痛苦，就只有一个痛苦；而两个人共享一个幸福，却有两个幸福。"

世界著名的精神医学家亚弗烈德·阿德勒曾经发表过一篇令人惊奇的研究报告。他常对那些孤独者和忧郁病患者说："只要你按照我这个处方去做，14天内你的孤独忧郁症一定可以痊愈。这个处方是——每天都想一想，怎样才能使别人快乐？"

无论一个人的生活多么平凡，即使生理上有这样那样的缺陷，都应该学会这个精神处方——多想想，怎样才能使别人快乐？

有一个盲人在夜晚走路时，手里总是提着一个明亮的灯笼，别人看了很好奇，就问他："你自己看不见，为什么还要提灯笼走路？"那个盲人满心欢喜地说："这个道理很简单，我提上灯笼并不是给自己照路，而是为别人提供光明，帮助别人。我手里提上灯笼，别人也容易看到我，不会撞到我身上，这样就可以保护自己的安全，也等于帮助自己。"

在漫漫的人生路上，你如果觉得孤寂，或者觉得道路艰险，那你就照阿德勒的话去做，每天都想一想，怎样才能使别人快乐？这样你定会逢凶化吉，因祸得福，快乐就会飞到你的身边，使你远离痛苦与烦恼。因为爱的表现是无保留地奉献，而其结果却是无偿地索取。你在送别人一束玫瑰的时候，自己手中也留下持久的芳香。

快乐如同香水，你把它喷洒到别人身上时，总有几滴溅到自己身上。

◆ 打开心灵的篱笆

我们每个人心中都有一座美丽的大花园。如果我们愿意让别人在此种植快乐，同时也让这份快乐滋润自己，那么我们心灵的花园就永远不会荒芜。

贝尔太太是美国一位有钱的贵妇人，她在亚特兰大城外修了一座花园。花园又大又美，吸引了许多游客，他们毫无顾忌地跑到贝尔太太的花园里游玩。

年轻人在绿草如茵的草坪上跳起了欢快的舞蹈；小孩子扎进花丛中捕捉蝴蝶；老人蹲在池塘边垂钓；有人甚至在花园当中支起了帐篷，打算在此过他们浪漫的盛夏之夜。贝尔太太站在窗前，看着这群快乐得忘乎所以的人们，看着他们在属于她的园子里尽情地唱歌、跳舞、欢笑。她越看越生气，就叫仆人在园门外挂了一块牌子，上面写着：私人花园，未经允许，请勿入内。可是这一点儿也不管用，那些人还是成群结队地走进花园里游玩。贝尔太太只好让她的仆人前去阻拦，结果发生了争执，有人竟拆走了花园的篱笆墙。

后来贝尔太太想出了一个绝妙的主意，她让仆人把园门外的那块牌子取下来，换上了一块新牌子，上面写着：欢迎你们来此游玩，为了安全起见，本园的主人特别提醒大家，花园的草丛中有一种毒蛇。如果哪位不慎被蛇咬伤，请在半小时内采取紧急救治措施，否则性命难保。最后告诉大家，离此地最近的一家医院在威尔镇，驱车大约50分钟即到。

这真是一个绝妙的主意，那些贪玩的游客看了这块牌子后，对这座美丽的花园望而却步了。可是几年后，有人再往贝尔太太的花园去，却发现那里因为园子太大，走动的人太少而真的杂草丛生，毒蛇横行，几乎荒芜了。孤独、寂寞的贝尔太太守着她的大花园，她非常怀念那些曾经来她的园子里玩的快乐的游客。

　　篱笆墙是农家在房子四周的空地围起来的类似栅栏的东西，有的上面还有荆棘，不小心碰上会扎人。篱笆墙的存在是向别人表示这是属于自己的"领地"，要进入必须征得自己的同意。贝尔太太用一块牌子为自己筑了一道特别的"篱笆墙"，随时防范别人靠近。这道看不见的篱笆墙就是自我封闭。

　　自我封闭顾名思义就是把自我局限在一个狭小的圈子里，隔绝与外界的交流与接触。自我封闭的人就像契诃夫笔下的装在套子中的人一样，把自己严严实实地包裹起来，因此很容易陷入孤独与寂寞之中。自我封闭的人在情绪上的显著特点是情感淡漠，不能对别人给予的情感表达出恰当的反应。在这些人脸上很少能看到笑容，总是一副冷冰冰、心事重重的样子。这无形中在告诉周围的人：我很烦，请别靠近我！周围的人自然也就退避三舍，敬而远之。

　　她得到的后果是什么呢？在封闭自己的同时，也使快乐和幸福远离。打开你的心灵的篱笆，让阳光进来，让朋友进来，就如开始所说的，你的心灵的花园就永远不会荒芜。

　　人生的苦痛是无穷的，它具有各种各样的形式，但其中最可怜、最无助的痛苦就是孤独。

◆ 得理要让人

有位贵妇带着她年幼的儿子到纽约旅行，坐上一辆的士，当的士经过一个街口时，儿子的眼光被街头几位浓妆艳抹，不时对男人抛媚眼的女郎吸引住了。

"这些女士在做什么？"男孩问。

他的母亲面红耳赤，说："我想她们迷路了，正在问路。"

的士司机听了，一脸不屑地说："明明是妓女，你为什么不说实话呢？"

贵妇十分愤怒。儿子接着又问："妓女是什么？她们跟一般的女人有什么不同？她们有孩子吗？"

"当然！"母亲回答，"不然纽约的这些的士司机是谁生的？"

我们都常听到冲突的双方说辞："是'他'先开始的！"然后继续听下去，你可能也会听到："没错，但我那么做是因为之前你所说的话！"接着是："可是我那么说，还不是因为你先……"结果就没完没了。也许只是一件极为简单的小事，最后也能演变成严重的闹剧。

两辆的士狭路相遇，司机互不相让。

一阵争吵后，一个司机郑重其事地打开报纸，靠在椅背上看报。

另一个司机也不甘示弱，大声喊道："喂！等你看完后能否把报纸借给我？"

另有一对父子，脾气都很犟，凡事都不愿认输，也不肯低头让步。

一天，有位朋友来访，所以父亲就叫儿子赶快去市场买些菜回来。

儿子买完菜在回家的途中，却在狭窄巷口与一个人迎面对上，两人竟然互不相让，就这样一直僵持下去。

父亲觉得很奇怪，为什么儿子买个菜去那么久，于是前去察看发生了什么事。当这个父亲见到儿子与另一个人在巷口对峙时，就气愤地对儿子说："你先把菜拿回去，陪客人吃饭，这里让我来跟他耗，看谁厉害！"

想解开缠绕在一起的丝线时，是不能用力去拉的，因为你越用力去拉，缠绕在一起的丝线必定会缠绕得越紧。人与人的交往也一样，很多人只知道"得理不饶人"，却不晓得"顺风扯篷、见好就收"的道理，结果关系缠绕纠结，常闹到两败俱伤的地步。

孩子："人为什么要空气？"

父亲："为了争一口气。"

孩子："而又为什么要把空气吐出来呢？"

父亲："为了出一口气。"

◆ 没有竞争就没有成长

一位动物学家对生活在非洲大草原奥兰治河两岸的羚羊群进行过研究。他发现东岸羚羊群的繁殖能力比西岸的强，奔跑速度也不一样，每一分钟要比西岸的快13米。

对这些差别，这位动物学家百思不得其解，因为这些羚羊的生存环境和属类是一样的。

有一年，他在动物保护协会的协助下，在东西两岸各提了10只羚羊，把它们送到对岸。结果，运到东岸的10只羚羊只剩下了3只，那7只全被狼吃掉了。

这位动物学家明白了，东岸的羚羊之所以强健，是因为在它们附近生活着一个狼群，西岸的羚羊之所以弱小，正是因为缺少这么一群天敌。

大自然的法则就是"物竞天择，适者生存"。没有竞争，就没有发展；没有对手，自己就不会强大；没有敌人，谈什么胜利。别再诅咒你的对手与敌人，应该感谢他们，是他们促进了我们的成长。

憎恨是拿他人的错来惩罚自己的一种愚蠢行为。

◆ 生命就像一种回声

一个小男孩受到母亲的责备，出于一时的气愤，就跑出房屋，来到山边，并对着山谷喊道："我恨你，我恨你，我恨你。"

接着从山谷传来回音："我恨你，我恨你，我恨你。"

这个小男孩很吃惊，百思不得其解。

过了一会儿，他的气消了，想起了母亲对自己的关怀，心里就很后悔，于是他又对着山谷喊道："我爱你，我爱你。"

而这次他却发现，有一个友好的声音在山谷里回答："我爱你，我爱你。"

生命就像一种回声，你送出什么它就送回什么，你播种什么就收获什么，你给予它什么就会得到什么。

你有过这样的体会吗？这个社会上有一种人，在他看来仿佛所有人都在与他为敌，因此他对待别人也总是凶巴巴、恶狠狠的，或者从来就不将别人当人，只是当作他人生旅程上的一种工具。这种人不论他有多大的本事，最终还是会遭到人们的唾弃。

人就应该有爱心，友善地对待每一个人，这也正是成功者的人生准则。

何必要多树立仇敌呢？友善从一开始就会使你显得大度、姿态高雅，就会使你生活的天地无比辽阔。如果别人对不住你，你还以友善待他，他自会对你有负疚感，说不定以后还会加倍补偿给你，这正是做聪明人的方法。

我们要学会理解人、谅解人。愤怒和暴力只是外在的力度，只有友善才能感发人性的光辉部分，才能真正深入人的心灵。

心理学中有一条规律：我们对别人所表现出来的态度和行为，别人往往会对我们做出同样方式的反应和回答。

在与人打交道时，我们常常会发现我们自己的待人态度会在别人对我们的态度中反射回来。就如同你站在一面镜子前，你笑时，镜子里的人也会笑；你皱眉，镜子里的人也皱眉；你叫喊，镜子里的人也对你叫喊。几乎很少有人认识到这条心理学的规律是多么地重要和多么地富有哲理。

实际上，如果你事先就确认某人难以对付，则你很可能会用多少带有一些敌意的方式去接近他，而在心中握紧了你的拳头去准备战斗。其实当你这样做时，你简直就是设置了个舞台让他去表演，他也就被逼扮演了你为他设计好的角色。而如果你事先认为某个人是友好的，同样，你就会用友好的方式去待他，在你的感染下，他自然也以友好的方式待你。

大多数敌人正是你自己造成的，友善会使你的朋友遍天下，使你的品质升华，生命充满欢乐。

◆ 学会面向太阳

刘太太多年来总是不断抱怨对面邻居的太太很懒惰："那个女人的衣服，永远洗不干净，看，她晾在院子里的衣服，总是有斑点，我真的不知道，她怎么会把衣服洗成那个样子？"

直到有一天，有个明察秋毫的朋友到刘太太家，才发现不是对面太太的衣服没洗干净，而是刘太太家里的窗户脏了。细心的朋友拿了一块抹布，把刘太太家窗户上的污渍抹掉，说："看，这不就干净了吗？"

看到外面的问题，总比看到自己内在的问题容易些；而把错误归咎给别人，也比检讨自己来得容易。于是，有些愤世嫉俗的人，遇上有人过得比他好，就想咬对方一口。斜视久了的眼睛看什么都不顺眼。

一个背向太阳的人，只会看见自己的阴影。别人此时看你，也只会看见你脸上阴黑的一片。人的眼睛仿佛傻瓜相机，最怕逆着光照人相了——你的脸庞再美，只要背着光，一定是件失败的作品。

◆ 宽容他人，善待自己

一位妇人同邻居发生了纠纷，邻居为了报复她，趁黑夜偷偷地放了一个花圈在她家的门前。

第二天清晨，当妇人打开房门的时候，她深深地震惊了。她并不是感到气愤，而是感到仇恨的可怕。是啊，多么可怕的仇恨，它竟然衍生出如此恶毒的诅咒！竟然想置人于死地而后快！妇人在深思之后，决定用宽恕去化解仇恨。

于是，她拿着家里种的一盆漂亮的花，也是趁夜放在了邻居家的门口。又一个清晨到来了，邻居刚打开房门，一缕清香扑面而来，妇人正站在自家门前向她善意地微笑着，邻居也笑了。

一场纠纷就这样烟消云散了，她们和好如初。

冤冤相报何时了？宽容他人，除了不让他人的过错来折磨自己外，还处处显示着你的纯朴、你的坚实、你的大度、你的风采。那么，你将永远拥有好心情。只有宽容才能愈合不愉快的创伤，只有宽容才能消除一些人为的紧张。学会宽容，意味着你不会再心存芥蒂，从而拥有一份流畅、一份潇洒。

在生活中我们难免与人发生摩擦和矛盾，其实这些并不可怕，可怕的是我们常常不愿去化解它，而是让摩擦和矛盾越积越深，甚至不惜彼此伤害，使事情发展到不可收拾的地步。

用宽容的心去体谅他人，把微笑真诚地写在脸上，其实也是在善待我们自己。当我们以平实真挚、清灵空洁的心去宽待别人时，心与心之间便架起了沟通的桥梁，这样我们也会获得宽待，获得快乐。

古人说："耳目宽则天地窄，争务短则日月长"。意思是说，如果总是让自己听到的、看到的管得太宽，那么"天地"也会变窄小；如果把张家长李家短的纷争处理得当，那么"人生的日子"就会变得有意义，就像是延长了寿命。

脚踏过紫罗兰，紫罗兰却将清香留在鞋底——这就是宽恕。

◆ 超越仇恨

古希腊神话中有一位大英雄叫海格里斯。一天他走在坎坷不平的山路上，发现脚边有个袋子似的东西很碍脚，海格里斯踩了那东西一脚，谁知那东西不但没被踩破，反而膨胀起来，加倍地扩大着。海格里斯恼羞成怒，操起一根碗口粗的木棒砸它，那东西竟然长大到把路都堵死了。正在这时，山中走出一位圣人，对海格里斯说："朋友，快别动它，忘了它，离开它远去吧！它叫仇恨袋，你不犯它，它便小如当初；你侵犯它，它就会膨胀起来，挡住你的路，与你敌对到底！"

人在社会上行走，难免与别人产生摩擦、误会甚至仇恨，但别忘了在自己的仇恨袋里装满宽容，那样你就会少一分阻碍，多一分成功的机遇。否则，你将会永远被挡在通往成功的道路上，直至被打倒。

《百喻经》中有一则故事：

有一个人心中总是很不快乐，因为他非常仇恨另外一个人，所以每天都以嗔怒的心，想尽办法欲置对方于死地。

为了一解心头之恨，他向巫师请教："大师，怎样才能解我的心头之恨？如果催符念咒可以损害仇恨的人，我愿意不惜一切代价学会它！"

巫师告诉他："这个咒语会很灵，你想要伤害什么人，念着它你就可以伤到他；但是在伤害别人之前，首先伤害到的是你自己。你还愿意学吗？"

尽管巫师这么说，一腔仇恨的他还是十分乐意，他说："只要对方能受尽折磨，不管我受到什么报应都没有关系，大不了大家同归于尽！"

　　为了伤害别人，不惜先伤害自己，这是怎样的愚蠢？然而现实生活中，这样的仇恨天天在上演，随处可见这种"此恨绵绵无绝期"的自缚心结。仇恨就像债务一样，你恨别人时，就等于自己欠下了一笔债；如果心里的仇恨越多，活在这世上的你就永远不会再有快乐的一天。

　　"冤家宜解不宜结。"只有发自内心的慈悲，才能彻底解除冤结，这是脱离仇恨炼狱最有效的方法。

　　《把敌人变成人》一书中曾转述了1944年苏联妇女们对待德国战俘的场景。

　　这些妇女中的每一个人都是战争的受害者，或者是父亲，或者是丈夫，或者是兄弟，或者是儿子在战争中被德军杀害了。

　　战争结束后押送德国战俘，苏联士兵和警察们竭尽全力阻挡着她们，生怕她们控制不住自己的冲动，找这些战俘报仇。然而当一个老妇人把一块黑面包不好意思地塞到一个疲惫不堪的、两条腿勉强支撑得住的俘虏的衣袋里时，整个气氛改变了，妇女们从四面八方一起拥向俘虏，把面包、香烟等各种东西塞给这些战俘……

　　叙述这个故事的叶夫图申科说了一句令人深思的话："这些人已经不是敌人了，这些人已经是人了……"

　　这句话道出了人类面对苦难时所能表现出来的最善良、最伟大的生命关怀与慈悲，这些已经让人们远远超越了仇恨的炼狱。

　　如果一个人心中时时怀着仇恨，这仇恨就会像海格里斯遇到的仇恨袋一样，一次次地放大，一次次地膨胀，总有一天它会隐藏你内心的澄明，搅乱你步履的稳健。所以，请记住这个原则：相信上帝的人应当在生活中体现他们的信仰，而不信上帝的人则应本着爱与正义的原则而活着。只有这样，我们才能远离仇恨、超越仇恨！

◆ 推己及人

"我恨透了这些人！"一位落魄潦倒的商人咬牙切齿地说，"为什么人都那么势利，有钱的时候就投向你，当穷困时所有的人都远离你？"

"这是不变的道理。"

"怎么说呢？"

"就拿市场来比方好了！"智者说，"市场早上人潮汹涌，可是到了夜晚就空无一人，这并不是因为人们早上喜欢市场而晚上讨厌市场，而是因为早上市场上有他们想要的东西，到了晚上市场没有东西了他们也就离开了。但愿你能宽恕这些人！"

"恕"字拆开来看，是"如""心"，就是"将心比心"，你心如我心，我心如你心。宽恕的关键并不在时间的流逝，而在于理解和谅解。

其实，即使我们是受到了伤害，可是这并不表示对方很坏，或有意伤害你。事情的看法总是具有双面性，每个人都有不同的立场，也许换作你是他，你也会那么做。这样想一想，心中的愤怒就会被平和替代。

将心比心，推己及人。

◆ 控制自己的愤怒

从前，有个脾气极坏的男孩，到处树敌，人人都唯恐避之不及。男孩自己也为自己的脾气而苦恼，但他就是控制不住自己。

有一天，父亲给了他一包钉子，要求他每发一次脾气都必须用铁锤在他家后院的栅栏上钉一个钉子。

第一天，小男孩一共在栅栏上钉了37个钉子。过了一段时间，由于学会了控制自己的愤怒，小男孩每天在栅栏上钉钉子的数目逐渐减少了。他发现控制自己的脾气比往栅栏上钉钉子更容易，小男孩变得不爱发脾气了。

他把自己的转变告诉了父亲。父亲建议说："如果你能坚持一整天不发脾气，就从栅栏上拔掉一个钉子。"经过一段时间，小男孩终于把栅栏上的所有钉子都拔掉了。

父亲拉着他的手来到栅栏边，对小男孩说："儿子，你做得很好。可是，现在你看一看，那些钉子在栅栏上留下了小孔，它们不会消失，栅栏再也不是原来的样子了。当你向别人发脾气之后，你的那些伤人的话就像这些钉子一样，会在别人的心中留下伤痕。你这样就好比用刀子刺向某人的身体，然后再拔出来。无论你说多少次对不起，那伤口都会永远存在。其实，口头对人造成的伤害与伤害人们的肉体没什么两样。"

有位脾气暴躁的弟子向大师请教，"我的脾气一向不好，不知您有没有办法帮我改善？"

大师说："好，现在你就把'脾气'取出来给我看看，我检查一下就能帮你改掉。"

弟子说："我身上没有一个叫'脾气'的东西啊。"

大师说："那你就对我发发脾气吧。"

弟子说："不行啊！现在我发不起来。"

"是啊！"大师微笑说，"你现在没办法生气，可见你暴躁的个性不是天生的，既然不是天生的，哪有改不掉的道理呢？"

如果你觉得情绪失控，怒火上升，试着延缓10秒钟或数到10，之后再以你一贯的方式爆发，因为，最初的10秒钟往往是最关键的，一旦过了，怒火常常可消弭一半以上。

下一次，再试着延缓1分钟，不断加长这个时间，1天、10天，甚至1个月才生一次气。一旦我们能延缓发怒，也就学会了控制。自我控制能力是一个人的内在本质。

记住，虽然把气发出来比闷在肚里好，但根本没有气才是上上策。不把生气视为理所当然，内心就会有动机去消除它。你只要生气一分钟，就至少丧失了60秒钟的快乐。

◆ 面对面沟通消除误会

大乌龟和小乌龟在一起喝可乐。大乌龟喝完自己的一份后，就对小乌龟说：

"你去外面帮我拿一下可乐。"

小乌龟刚走两步，就不走了，回头说：

"我肯定你是支我出去后，要把我的可乐喝掉！"

"这怎么可能？你是在帮助我啊！"

经大乌龟一再保证，小乌龟同意了。

1个小时过去了，大乌龟耐心等着……2个小时过去了，小乌龟还没有来……

3个小时过去了，小乌龟仍然未见回来。这时，大乌龟想：

"小乌龟肯定不会回来了。它一个人在外面喝可乐，怎么会回来呢？我干脆把它这一份先喝了！"

小乌龟就像从天而降，站在大乌龟面前，气冲冲地说：

"我早就知道，你要喝我的可乐！"

"你怎么会知道呢？"大乌龟尴尬而不解地问。

"哼！"小乌龟气愤地说，"我在门外已经站了3个小时了！"

这就是"消极论断""验证自我"。根据自己的猜疑、臆测，主动寻找支持消极心态的理由和证据。

在现实生活中，这样的事随时随地都在发生，而我们往往并不在意。比如听说有人打自己的小报告啦，首先就会怀疑某人（消极论断别人），然后观察、监视，越看越像（验证自我），你会发现，那个"嫌疑"人说话走路都与以前不同了（实际是自我心态在作祟，是自己的精神、眼光、动作与以前不同了），还会进一步验证，"当然啦！他昨天与我对面走过，连头都不敢抬。他在躲我，做贼心虚了！"而结果往往是自己错的时候多。

"猜疑之心犹如蝙蝠，它总是在黑暗中起飞"，欧洲文艺复兴时期的伟大诗人但丁就曾如是说。猜疑之心令人迷惑，乱人心智，甚至有时使你辨不清敌与友的面孔，混淆了是与非的界限，使自己的家庭和事业遭受无端的损害和失败。

天下本无事，庸人自扰之。猜疑常常平白无故地惹出一些令人费解的事端。好猜疑之人，不只一味地去揣测、怀疑别人，而且也会经常捕风捉影般地猜疑自己，就像杞人忧天般地担心灾难即将临头。

疑心病便是这种自我担忧的毒瘤，例如脉搏少跳了一下，怀疑自己的心脏出了毛病；稍微有点不舒服，自己的腰有点僵，就害怕得要命；略微有点发烧，就愁眉苦脸。幸而大多数人的这种忧虑都不是长久的。但是真正患疑心病的人，无时不在担忧自己生病了，他们到处求医，反复进行各种身体检查。虽然检查结果并不支持他自己对疾病的判断，但是他们却不相信这些无病的报告，仍坚持以自己躯体症状和自我感觉作为患病的证据。这本身就是一种病态，可悲的是这样的病人确实不少见。

其实，世界上没有一个人是不被理解的，也没有一件事是不被理解的。你如果怀疑某个人、某件事，最简单的办法就是去与那个人沟通，坦诚而友好地与他交流自己的看法，获得真实的认识，从而达到理解。一旦理解了，就不会再挂在心中，不再记恨那一切了。消除误会的办法就是面对面地沟通，这比任何旁敲侧击、迂回了解、道听途说都省事而见效。

相信别人，相信自己，相信这个世界，走出自己在心里投下的阴影，你才会拥有一份轻松快乐的心情，你才会拥有和谐完美的人生。

◆ 把生气消灭在萌芽状态

人生难免遇到不如意的事情。许多人遇到不如意的事常常会生气：生怨气、生闷气、生闲气、生怒气。殊不知，生气，不但无助于问题的解决，反而会伤害感情，弄僵关系，使本来不如意的事更加不如意，犹如雪上加霜。更严重的是，生气极有害于身心健康，简直是自己"摧残"自己。

德国学者康德说："生气，是拿别人的错误惩罚自己。"古希腊学者伊索说："人需要平和，不要过度地生气，因为从愤怒中常会产生出对于易怒的人的重大灾祸来。"俄国作家托尔斯泰说："愤怒使别人遭殃，但受害最大的却是自己。"清末文人阎景铭先生写过一首《不气歌》，颇为幽默风趣：

他人气我我不气，我本无心他来气。

倘若生气中他计，气出病来无人替。

请来医生将病治，反说气病治非易。

气之为害太可惧，诚恐因气将命废。

我今尝过气中味，不气不气真不气！

美国生理学家爱尔马，为研究生气对人健康的影响，进行了一个很简单的实验：把一支玻璃试管插在有水的容器里，然后收集人们在不同情绪状态下的"气水"，结果发现：即使是同一个人，当他心平气和时，所呼出的气变成水后，澄清透明，一无杂色；悲痛时的"气水"有白色沉淀；悔恨时有淡绿色沉淀，生气时则有紫色沉淀。爱尔马把人生气时的"气水"注射在大白鼠身上，不料只过了几分钟，大白鼠就死了。这位专家进而分析：如果一个人生气10分钟，其所耗费的精力，不亚于参加一次3000米的赛跑；人生气时，体内会合成一些有毒性的分泌物。经常生气的人无法保持心理平衡，自然难以健康长寿，活活气死者也并不罕见。另一位美国心理学家斯通博士，经过实验研究表明：如果一个人遇上高兴的事，其后两天内，他的免疫能力会明显增强；如果一个人遇到了生气的事，其免疫功能则会明显降低。

心情是一种选择

生气既然不利于建立和谐的人际关系，也极有害于自己的身心健康，那么，我们就应当学会控制自己，尽量做到不生气，万一碰上生气的事，要提高心理承受能力。自己给自己"消气"。要学会息怒，要"提醒"和"警告"自己："万万不可生气""这事不值得生气""生气是自己惩罚自己"，使情绪得到缓冲，心理得到放松。

把生气消灭在萌芽状态。要认识到容易生气是自己很大的不足和弱点，千万不可认为生气是"正直""坦率"的表现，甚至是值得炫耀的"豪放"。那样就会放纵自己，真有生不完的气，害人害己，遗患无穷。

开心并不总是幸运的结果，它常常是一种德行，一种英勇的德行。

◆ 调解纷争的秘诀

许多人都慕名而来，请求大师帮他们调解纷争。他们听说大师有一种秘诀，可以为所有的人带来爱与和谐。

大师说："方法很简单，不管你跟任何人在一起，都当作是'最后一次'。"

"就这样？"

"是的。"大师说，"对待每一个人，要如同你不会再见到他们。如此纷争就会消失，爱与和谐就会出现。"

试想，假如我们知道再也见不到我们的伴侣、孩子、父母、兄弟姐妹，甚至任何人，我们对他们的态度还会一样吗？

我们还会为一些鸡毛蒜皮的小事斤斤计较吗？

我们会没有耐心，或继续你的抱怨批评吗？

　　我们会固执己见，非争个输赢不可吗？

　　把每一个人、每一次见面都当作最后一次，纷争和问题自然消失，爱与和谐才会真正出现。

　　爱自己过多，会让我们生活在孤独与无助之中；爱别人过多，我们将生活在友爱与温暖之中。

第八章　如何赶走坏心情

有一位年轻人去找心理学教授，他对大学毕业之后何去何从感到彷徨。他向教授倾诉诸多的烦恼：没有考上研究生，不知道自己未来的发展；女朋友将去一个人才云集的大公司，很可能会移情别恋……

教授让他把烦恼一个个写在纸上，判断其是否真实，一并将结果也记在旁边。

经过实际分析，年轻人发现其实自己真正的困扰很少，他看看自己那张困扰记录，不禁说："无病呻吟！"教授注视着这一切，微微对他点头。于是，教授说："你曾看过章鱼吧？"年轻人茫然地点点头。

"有一只章鱼，在大海中，本来可以自由自在地游动，寻找食物，欣赏海底世界的景致，享受生命的丰富情趣。但它却找了个珊瑚礁，然后动弹不得，呐喊着说自己陷入绝境，你觉得如何？"教授用故事的方式引导他思考。他沉默了一下说："您是说我像那只章鱼？"年轻人自己接着说："真的很像。"

于是，教授提醒他："当你陷入坏心情的习惯性反应时，记住你就好比那只章鱼，要松开你的八只手，让它们自由游动。系住章鱼的是自己的手臂，而不是珊瑚礁的枝丫。"

人心很容易被种种烦恼和物欲所捆绑。那都是自己把自己关进去的，是自投罗网的结果，就像章鱼，作茧自缚。大多数人的坏心情，都是因为自己想不开，放不下，一味地固执。坏心情犹如人心灵中的垃圾，它是一种无形的烦恼，由怨、恨、恼、烦等组成。

清洁工每天把街道上的垃圾带走，街道便变得宽敞、干净。假如你也每天清洗一下内心的垃圾，那么你的心灵便会变得愉悦快乐了。

人的心好比房子，里面若是装满了坏心情，自然没有好心情的立足之地。现在开始，请赶走心中的坏心情，以迎接好心情的入住。

◆ 自制心情口诀

前两天跟一个朋友吃饭，他一开口，最近的一些心情状态就宣泄而出。

他说："我近来真是烦透了。那天一早开车出门，眼看着别人都是绿灯，就只有我是一路红灯，走到哪儿红灯就跟到哪儿，真是够倒霉的！"

他继续说："中午出去买午餐，结果大排长龙，好不容易快轮到我了，这时居然有个人冒出来插队，公理何在？于是我站出来，狠狠修理了他一顿。"

他还没说完："晚上跟朋友吃饭，吃完后要拿停车券去盖免费章，结果服务员说我们消费少于40元，因此不能盖章，气得我当场敲桌子大骂。"

他说了半天还没说完："晚上回到家，一进门太太就唠叨，小孩又哭又叫，连在家也不能清静。好不容易挨到睡觉时间，终于可以结束这令人难耐的一天，没想到一上床，床头柜的灯怎么也熄不灭，我这下可是受够了，把拖鞋一把抓起，往灯泡那儿重重甩去，这才结束了抓狂的一天。"

——听起来的确够惨!

不知道你是不是也觉得,最近比较烦、比较烦、比较烦呢,就像周华健那首歌的心情一般。而且只要一早开始不太顺心的话,往往接下来一天就毁了。

为什么会如此呢?这是因为,负面情绪是有累加效果的。

也就是说,每多一个小挫折,就会让我们的抗压功力多打一个折扣。因为当我们遭遇不顺心,而心情跟着烦躁起来时,身体内与压力相关的激素也会随之异常分泌,因此会影响到接下来的挫折忍受度,就好像温度直线上升的热水,越烧越接近沸点。

这也就说明了为何一大早出了些状况后,原本可能要到"烦人指数"十分的事才会惹急我们,但这下只要再出现个"烦人指数"三分的状况,我们就会轰然一声,开始发疯,而无辜的旁人就倒霉啦!

正因情绪有如煮开水的累加效果,所以在生活中我们必须审慎处理每一个压力状况,以免"小不忍,则乱大谋"。

而改变这种状况的有效做法,则是在负面心情一开始加热时,就能主动地意识到"有状况了",然后告诉自己,得快快关火,以免越烧越旺,一发不可收拾。

事实上,当你能够觉察到出现这种状况时,就已经关掉一半的火力了,接下来心情自然不易失控。

为了避免让烦躁的情绪像煮开水那样越煮越热,防患未然的工作就显得特别重要。

不妨准备一些调整心情的口头禅,在自己情绪快要沸腾时,赶快把这些自制的心情口诀拿出来提醒自己。跟你分享我自己的心情口诀:

"心情最重要，别的死不了。"

"心情最重要，别的死不了。"如果今天碰到了有些怪怪的人，或发生了令人不耐烦的事，就赶紧在心里暗念这句口诀，重复几次之后，烦躁不安的情绪就能得到缓解。此外，研究也发现，重复想着同一念头，会让意念集中，而减少焦虑不安。

如果我们仅仅想获得幸福，那很容易实现。但我们希望比别人更幸福，就会很难实现，因为我们对别人的幸福总是高估很多。

◆ 担忧是汇集恐惧的小溪

有个国王在一天夜里唤醒智者，焦躁地说："我睡不着，因为我突然开始害怕这个世界会堕入地狱。"

"没必要担心，"智者安抚道，"这世界正由一只巨熊支撑着呢。"

"哦！谢谢。"国王听后松了一口气。

半小时后，国王又来敲门问道，"那什么东西支撑着那只熊呢？"

"一只巨龟。"智者补充道，"它是非常稳固的。"

"好！好！"国王说。

又过了半个小时，当智者又听见国王敲门时，他似乎早就料到。他前去开门，当国王正打算说话时，他举起手说："乌龟下面是乌龟，乌龟下面全都是乌龟。"

瑞典有句谚语："忧虑会使小物体投射出巨大的阴影。"

你担心什么？疾病吗？去找医生——让他来担这个心！

担心工作落后吗？没错，如果你还继续在担心，那只会让你的工作落后更多。

担心会下地狱——你现在已经在那里了，不是吗？

担忧是流过心头那条汇集恐惧的小溪。如果水流增加，就会变成带动所有思绪的川流。以此类推，只会愁上加愁。

◆ 没什么大问题

一天下来，总会遇到几个经常前来向禅师诉苦的人，他们不是怨叹自己时运不济，就是抱怨某人怎么对不起他们。有位弟子便好奇地问禅师："为什么这些人会有那么多问题呢？"

"因为他们没什么大问题。"禅师还说了一则故事——

有只狗坐在门廊前不断呻吟，经过的路人就问门廊里的人，这只狗是怎么回事，为什么会这样呢？

"因为它压在自己脚趾上了。"那人回答。

"哦，那么它为什么不站起来呢？"路人再问。

"因为它不觉得太痛。"

禅师接着说："一个人会有那么多抱怨，是因为他还有时间抱怨；一个人为小事烦恼，是因为他没有大烦恼。试想，一个连饭都没得吃的人，会去为了上哪家餐厅而烦恼吗？"

"所以，"弟子心领神会地说，"会有那么多问题的人，是因为他们还没什么大问题。"

当我们遭遇难题的时候，我们常会将它过分扩大，并将所有的精力和焦点都放在这个障碍上。想想看，我们的境遇真有这么糟吗？我们只有在不是最糟时，才还有时间去抱怨诉苦，不是吗？就算事情已经糟糕透顶，那表示情况只会变得更好，那又有什么好自艾自怜的呢？

◆ 与其抱怨，不如改善现状

你信不信，乐观的人所列出的烦恼事项远低于一般人，而他们花在抱怨上的时间也远远少于一般人。

这给了我们什么样的启示呢？

乐观的人在面对挫折的时候，才不会花时间去怪东怪西："都是他搞的鬼……"要不就是："为什么我老是这么倒霉？"

他们共同的态度是"没时间怨天尤人，因为正忙着解决问题呢"。

而当我们少一分时间抱怨，就多一分时间进步。

这也正说明了为何乐观的人比较容易成功，因为他们的时间及精力永远用来改善现状。

所以，要培养乐观一点儿也不难，就从现在开始，把注意力的焦点从"往后看怨天尤人"，改为"向前望解决问题"就行了。

实际的做法，则是闭口不提"为什么总是我……"，而用另一句话"现在该怎么办会更好"来代替。

在面对不如意时，只要改成这种重要的思维方式，你会发觉自己的挫折忍受力大为增强，而更容易从逆境中走出来。

我们可能无法改变风向，但我们至少可以调整风帆；我们可能无法左右事情，但我们至少可以调整自己的心情。

◆ 贪心的人走不回来

曾读过一个贪心人的故事。

有个地主去拜访一位部落首领，想要块地。首领说，你从这儿向西走，做一个标记，只要你能在太阳落山之前走回来，从这儿到那个标记之间的地都是你的了。

太阳落山了，地主没有走回来，因为走得太远，他累死在路上。

贪心人走不回来，是因为太贪。然而现实生活中还有一类人，他们不贪，可是也走不回来。

工作和生活中有好多种走不回来的人。他们认为要做好这一件事，必须去做前一件事，要做好前一件事，必须去做更前面的一件事。他们逆流而上，寻根究底，直至把那原始的目的淡忘得一干二净。这种人看似忙忙碌碌，一副辛苦的样子，其实，他们不知道自己在忙什么。起初，自己也许还知道，然而一旦忙开了，还真的不知忙什么了。

因此，在人生的旅途中，每过一个时期，或每走一段路程，不妨回过头来看看自己的身后，看看在太阳落山之前是否还能走回去。或干脆停下来，沉思片刻，问一问：我要到哪里去？我去干什么？这样或许可以活得简洁些，也不至于走得太远，失去现在，失掉自我。

填不满的海是欲海，攻不破的城是愁城。

◆ 接受不能改变的

有位智者曾说了一个令人终生难忘的比喻："人生如同美国的西部片。在酒吧里，恶徒坐着饮酒，还有人在打架拼命，弹琴的人就在这混乱险恶的处境中照弹不误。你得学会这琴师的本事，不管酒吧里发生了什么事，你还是弹你的。"

就像电影《泰坦尼克号》中的乐师一样，即便是船快沉了，他们还是一副"事不关己"的样子，稳定沉着地奏着悦耳动听的曲子。他们仿佛在问："那又怎么样？"

是啊！那又怎么样？

"如果没赶上这班车，今天铁定会迟到。"

"那又怎么样？"

"那老板的脸色就会很难看。"

"那又怎么样？"

"也许会找我麻烦，或在背后说我坏话。"

"那又怎么样？"

你可以这样一直问下去。让自己学会理性地看待问题，了解有时候事情并没有你想的那么糟。

有个住在海边的人，自从一场千年不遇的海啸袭来，夺走了同村的上百条人命后，他开始变得忧心忡忡、魂不守舍。在很长的一段时间里，他的朋友都为他担心，却不知如何劝他才好。就这样，又过了一段时日，有一天，他的一位友人发现他已恢复正常且神采奕奕，便好奇地问道：

"是什么原因让你突然改变呢？"

他回答说："也没有什么，我只不过买了双倍的人寿保险。"

做最坏的打算，做最好的准备。接受那不能改变的，改变那不能接受的。

试想，当你已做了最坏的打算，也做了最好的准备；那么，剩下的还有什么好担心的呢？

痛苦来临时，不要总问："为什么偏偏是我？"因为快乐降临时，你可没有问过这个问题。

◆ 不必理会飞短流长

有一次，有人问苏格拉底："苏格拉底先生，你可曾听说——"

"且慢，朋友。"这位哲人立即打断了他的话，"你是否确定你要告诉我的全部都是真的？"

"那倒不，我只是听人说的。"

"原来如此，那你就不必讲给我听了，除非那是件好事。请问你讲的那件事是不是好事？"

"恰恰相反。"

"噢，那么也许我没有知道的必要，这样也好防止贻害他人。"

"嗯，那倒也不是——"

"那么，好啦！"苏格拉底最后说道，"让我们把这件事忘却吧！人生中有那么多有价值的事情，我们没工夫去理会这既不真又不好而且没有必要知道的事情。"

为使自己的耳根清净、心情明朗，我们常常需要过滤我们的视、听。对于那些莫名其妙的飞短流长，我们实在没有理会的必要。

谣言止于智者。

◆ 在挫折中看到幸运

有一次，一位教授在班上说："我有句三字箴言要奉送各位，它能使你们心情平和，对你们大有帮助，这三个字就是：'不要紧'。"

由于柳月容易感到受挫折，于是她便在笔记本上端端正正地写了"不要紧"三个大字。她决定不让挫折感和失望破坏她的平和心情。

接着考验就来了。柳月爱上了英俊潇洒的古先生。"古先生对我很要紧。"柳月对自己说。她确信古先生是自己的白马王子。

可是有一天晚上，古先生温柔婉转地对柳月说，他只把柳月当作普通朋友。柳月以古先生为中心的幻想世界当下就土崩瓦解了。那天夜里柳月在卧室里哭泣时，觉得记事本上的"不要紧"那三个字看来简直荒唐。

"要紧得很啦。"柳月喃喃地说，"我爱他，没有他我就不能活。"

但第二天早上柳月醒来再看到这几个字之后，柳月就开始分析自己的情况：到底有多要紧？古先生很要紧，我很要紧，我们的快乐也很要紧；但我会希望和一个不爱我的人结婚吗？——显然，不会。

日子一天天过去，柳月发现没有古先生自己也可以生活，柳月仍然能快乐。"将来肯定会有另一个人进入我的生活；即使没有，我也仍然能快乐。"柳月这样对自己说。她能控制她的情绪了。

几年后，一个更适合柳月的人真的来了。在兴奋地筹备着结婚的时候，柳月把"不要紧"这三个字抛到了九霄云外。柳月想：我不再需要这三个字了，我以后将永远快乐；我的生命中不会再有挫折和失望。

生活真会如柳月想的那样吗？这当然不可能。有一天，柳月的丈夫告诉柳月一个坏消息：他们做生意的积蓄全赔了。

柳月感到一阵凄楚，胃像扭作一团似的难受。她想起那句三字箴言："不要紧。"可这一次是真的要紧！

就在这个时候，小儿子用力敲打他的积木的声音转移了柳月的注意力。他看见柳月看着他，就停止了敲击，对柳月笑着，那副笑容真是无价之宝。柳月把视线超过他的头顶向窗外望去，两个女儿正在兴高采烈地合力堆沙堡。在她们的后面，在柳月家院子外面，几株槭树映衬着无边无际的晴朗碧空。柳月觉得她的胃顿时舒展，心情恢复平和。于是，柳月对丈夫说："一切都会好转的，损失的只是金钱，实在不要紧。"

人生在世，有许多事情是要紧的。我们的价值和我们的荣誉是要紧的。可是，也有许多使我们的平和心情和快乐受到威胁的事情，实际上是不要紧的，或者不像我们所想象的那样要紧。要是我们能像柳月那样永远记住这一点，多好！

对自己常说"不要紧"，这种非常见效的心理调节方法实际上是建立在一个很深刻的哲学思考上的，即：我们的生命究竟是什么。对这个问题的回答决定着我们对生活价值的判断、生活的行动，当然也就决定着我们生活的心态。说"不要紧"不是要使自己变得麻木不仁，对失败挫折无动于衷，而是要变得更敏锐、更智慧，从中看到生命的快乐，使自己在失败的挫折中看到幸运，享受到爱。

◆ 尽人事以待天命

大卫王和乌利亚的妻子生了一个孩子，但他的行为激怒了上天。于是，天神就使这孩子得了重病。

大卫王为这孩子的病恳求神的宽恕。他开始禁食，到内室里，白天黑夜都躺在地上。他家中的老臣来到他的身旁，要把他从地上扶起来，他却怎么也不肯起来，也不同他们吃饭。

到了第七天，孩子终于死去了。大卫王的臣仆不敢告诉他孩子的死讯，因为他们想：孩子还活着的时候，我们劝他，他都不肯听我们的话，如果现在告诉他孩子死了，他怎么能不更加忧伤呢？

大卫王见臣仆们彼此低声说话，就知道孩子死了。于是他问臣仆们说："孩子死了吗？"

他们说："死了！"

这时候，大卫王就从地上起来，沐浴后抹上香膏，又换了衣服，走进天神的宫殿敬拜完毕。然后回宫，吩咐人摆上饭菜，他便敞开肚皮吃了起来。

臣仆们问："大卫王啊！你这样做是什么意思呢？孩子活着的时候，你不吃不喝，哭泣不已，现在孩子死了，你倒反而起来又吃又喝。"

大卫王说："孩子还活着的时候，我不吃不喝，哭泣不已，是因为我想到也许天神会怜恤我，说不定还有希望不让我的孩子死去。如今孩子都死了，我又怎么能使死去的孩子返回来呢？我又何必继续禁食和哭泣呢？"

如果一切都不可挽回，我们为什么不能让自己的心情好起来呢？

尽人事以待天命。努力过、奋斗过，即使失败我们也没有理由感到遗憾，没有必要感到悲伤。

当你不试图改变外界而开始改变自己的时候，你的世界就开始变得美好。

◆ 离去不代表失去

有位妇人因为孩子意外身故而痛不欲生，终日以泪洗面，亲友怎么安慰她、劝告她都无济于事。

有一天，妇人睡着时做了一个梦，梦见她到了天堂，在那里所有的小孩都像天使一样，手持点燃的蜡烛行进着，但她看见行列中有一位小女孩持的是没有烛火的蜡烛。

于是，她跑向这位小女孩，当她接近一看，发现那竟是她的女儿。她问她："亲爱的！怎么只有你的蜡烛是熄灭的呢？"

她说："妈妈，他们把我手中的蜡烛点燃，但你的眼泪却一再地将它浇灭。"

当我们失去珍爱的人，都会感到心痛，这是人之常情。但是生者的悲痛往往使死者留恋不舍，反而给死者带来更多的痛苦，为什么不让他们带着祝福、安心平静地离去？

其实，每个人的生命都是独立的个体，都有自己的路要走。既然我们从来就不曾拥有过别人，那么在他们离去之时，我们也就不算是失去了。

生如夏花之绚烂，死如秋叶之静美。

夺去我们所爱的东西的，并不是死，死反而替我们保存了它。在可怀念的年轻中，替我们留住了永久不变的面貌痕迹。生和死是勇敢的两种最高贵表现。

◆ 跌倒了笑着爬起来

有天早晨，海斯因屋顶漏的水滴在他脸上而惊醒。他急忙下床，踩到地上才发现地毯全浸在水里。房东叫他赶紧去租一台抽水机。

海斯冲下楼，准备开车，车子的四个轮胎不知怎的全都没气了。他再跑回楼上打电话，竟遭雷击，差点一命呜呼。

等他醒来，再度下楼，车子竟被人偷走了。他知道车子轮胎没气、汽油不够跑很远，就和朋友一起找，总算找到了。

傍晚，他穿好礼服准备出门赴宴，木门因浸水膨胀而卡牢，只好大呼小叫，直到有人赶来将门踢开才得以脱围。

当他坐进车子，开了不足三里竟遭遇了车祸，于是被人送进医院。

所幸他受的伤不严重，当天就可以出院回家。他一打开家门，发现天花板落下的灰泥打落了他的鸟笼，里面的宝贝金丝雀死了。他急忙跑过去，没想到地毯很滑，摔成了重伤，又再次被送进了医院。

有记者问海斯："你如何解释这一天所发生的事？"他却轻松地回答说："看来似乎是上帝想整死我，但是却一再失手。"

生命很短暂，转瞬即逝。过去的事情已无法更改，而且它已经过去了，根本没有必要再去懊悔；现在的事能做就赶快去做，不能做就让别人去做，也犯不着患得患失；将来的事情还说不定，还要靠你继续努力，何必整天忧心忡忡。

由于人类具有繁复的性格与气质，因此情绪总随之阴晴圆缺，变化莫测。在有生之年若是抑郁地将生命置于惨淡的气氛之中，实在是浪费；而以欢笑、明朗来面对忧郁的情境，在身处困境时也常保持笑容，这才是享受生命的做法。

每天早晨，我们总得面对两种不同生存方式的选择：是灰暗地背负哀伤苟延残喘，还是舍弃胸中的芥蒂，以热情、乐观、喜悦来面对每一天的来临，聪明的你，一定会懂得如何选择为生之道。幽默，这便是人们总是能洋溢着充沛生命力的最重要的源泉。很多心胸开阔、禀性幽默的人活得更长，抵抗疾病的能力更强，这点或许可以用科学的方法给以解释：幽默的性格能丰富人生，当然也对各种病害更具有强大的免疫作用。

跌倒了笑着爬起来的人，上帝拿他也没办法。

◆ 最低点正是山的起点

李哲垂头丧气地走进一座庙里，向大师倾诉他一生不幸的遭遇："我经历无数的失败，早年求学时，没有一次考试能够过关；踏入社会，经营许多生意，皆是负债收场；然后四处求职碰壁，就算有一份工作，也是没能做多久，就被老板开除；现在连自己的老婆也忍受不了我，要求跟我离婚……"

大师问："那么，你现在想怎么样呢？"

李哲万念俱灰地回答："我此刻只想一死了之。"

大师："你有没有小孩？"

李哲："有呀，又怎么样？"

大师笑了笑："还记得你是怎么教你的小孩走路的吗？从他第一次双手离开地面，颤颤巍巍地站起身来，是不是所有家人都会为他喝彩，为他鼓掌？"

李哲似有所悟："嗯……是的……"

大师继续道："然后孩子很快又跌倒了，你是不是轻轻扶起他，告诉他'没关系，再试试看，你会走得很好的！'"

李哲的语气坚定了些："对，我会帮他。"

大师："孩子走走跌跌地，经过无数次的练习，还是走得不稳。你会不会失去耐性，告诉他，最后再给你三次机会，如果再学不会走路，以后终生都不准再给我走路了，干脆我买个电动椅给你。"

李哲："不会，我会再帮助他、鼓励他，因为我相信，孩子他一定能学会走路的！"

大师："那就对了，你才跌倒过几次，就想坐轮椅了？"

李哲抗议道："可是，小孩子有人协助他，提携他，而我……"

大师："真正能帮助你、鼓励你的人是谁，此刻你还不知道吗？"

李哲想了想，朝大师重重地点了点头，昂首阔步地走了。

大部分人都忽略，山谷的最低点正是山的起点，许多跌落山谷的人之所以走不出来，正是因为他们花太多时间自怨自艾，而忘了留点儿精力走出去。

◆ 人生光明面

有位情绪低落的朋友不断地向大师诉苦："我的生命真是枯燥，布满层层的阴影，一点儿意思也没有。"

"你只要多看光明面就是了嘛！"大师好心地劝他。

"可是我的人生连一个光明面都没有！"朋友悲观地说。

大师说："那么，你就把黑暗的那一面擦得光亮些不就好啦！"

阴影只是强光存在的一种投射，光才是主导的力量。

如果我们注意一下自己现在的阴影，我们就会发现：我们只有在一种情形下才能够看到自己的阴影，那就是背对着亮光。

有多大的光亮，就有多大的阴影。其实，只要转个身，我们就可以看见光亮的另一面了。

幸福并不是来自人的生命过程，而是来自一个人对生活的态度。

◆ 多一份欢喜，多一份坦然

当坎坷和挫折接踵而来，一次次落在你的肩头时，你是否觉得自己是这个世界最不幸的人？当你的生活屡遭磨难，你是否觉得忧愁总多于欢喜？其实，欢喜只是一份心情，一种感受，就看你如何去寻找。

当外界种种困厄侵袭你薄薄的心襟，当你悲天悯人时，为什么不自己给自己制造一份欢喜？你可以看看云，望望山，散散步，写几首小诗，听一支激昂的歌，把忧伤留给过去，假如从这里所得到的快乐远不能使你摆脱生活的沉重，不妨在心里默默祈祷，并坚信你就是这个世界上最快乐的人。天长日久，一旦在心中形成了一个磁场，并逐渐强化它，尽心尽力做好每件事，让自己从平凡的生活中得到丝丝欢喜，你真的就是这个世界上最快乐的人。

实际上，那些唱着歌昂首阔步地走路，那些怀着许多渴望尝试生活的人，又有几个不担负着沉重的压力？只不过他们将自己的泪和悲伤掩藏起来，将欢喜的一面展现给别人，让人觉得他们生活无忧无虑，是世界上最快乐的人，而自己便也从这种快乐中真正获得了一份心灵的轻松。

每次在街上游逛，途经一条条长长的街，那些卖瓜果、冷饮、蔬菜的小贩，有的依然大声地吆喝着；有的就靠在小树旁独自小憩；有的捧着一本书有滋有味地读着，全然没有忧郁和叹息。他们一定生活得比我们艰难和沉重。如果遇到刮风下雨，雪花飞扬，或许他们没有一文钱的收入，如果有什么意外，他们必须独自去承担。但是，即使住在低矮的、高价租来的房屋中，依然有喷香的佳肴经他们手变换出来，依然有快乐的歌声在小屋中飘荡——那就是对生活无言的抗争啊！即便就是这样，苦中作乐、朝不保夕的生活，也给了他们一些别人所没有的东西，那就是劳作的欢欣。

自以为欢喜，并自欺欺人，只是对平淡、无聊，甚至不如意的生活的一种积极抗争。一个人如果一味地沉湎于忧愁的心境，总觉得自己比别人差，处处不顺心，怨天尤人，怎么能够让生活五彩缤纷，获得生活的乐趣呢？尽管外界可以剥夺许多诱惑你的东西，身处逆境不免心绪沉闷。但是，如果你能积极创造生活，体悟生活中的欢喜，还有什么能阻拦你前进的步伐？

客居异乡，每每觉得无聊苦闷时，就常常独自一人上街去看那些平凡的人世。忙忙碌碌的人群，新奇鲜艳的商品，绿树成荫的小道，嬉戏玩闹的孩童，随处可见的小贩。渐渐了悟，每个生活在世上的人其实都不容易，但是也没有一个人止步不前——因为生活的欢喜是要自己去寻找的。

欢喜是一朵花，无论多么贫贱，只要你认为她是美丽的就能闻到那沁人心脾的幽香；欢喜是渐渐清晰的高山，将一份清爽和静谧给你；欢喜是你曾失去的许多，被你用努力和真情换回。对一个有着丰富内涵，有着不懈追求的人来说，欢喜是永恒的，和他的心一样多姿多彩且充满芬芳，生活中多一份欢喜，就多一份坦然。

◆ 如何安放"多余"

人的一生会拥有无数的东西，亲情、爱情、友情……当我们承载得太多时，不妨找一个装"多余"的衣兜，把那些暂时无法承载的装进去，让自己轻松地继续前行。

丈夫过而立之年的生日那天，她精心为他做了一顿饭。一顿饭对别人来说也许算不了什么，但对于很久不曾下厨的她来说，看着自己花费整整一个下午的宝贵时间精心做出来的"作品"，连自己都感动了。

烛光下，守着自己的杰作，想象着他回来时的兴奋表情。

6点钟的时候，他回来了，只看了一眼她为他精心策划的"作品"，露出了一丝疲惫的微笑，就忙着接电话去了。她甜蜜的感觉立时大打折扣，整个晚上心情就像昏暗的烛光，再也亮不起来了。

心情不好的时候，她总是去上街购物。第二天是周日，她把丈夫扔在家，自己和女友逛街去了。

她们挽着手臂，不放过任何一家时装店。她买了好多衣服，可她朋友一样也没买。朋友想买一条带兜的裙子。可是她们从头逛到尾也没找到合适的。

她有些不解地问："为什么一定要带兜的裙子呢，那个小兜兜什么也放不下呀。"

"但是可以放手啊！你不觉得有些时候手是多余的吗？"朋友一边说一边把放在衣兜里的手拿出来又放进去，重复着给她看。

生命中很重要的可以擎起很多重量的手现在竟成了多余的！还有一些时候，我们也感觉到了自己的手多余。当我们站在众人面前讲话，或者在路旁遇到熟人寒暄，或者和心爱的人依偎漫步，我们真的感觉到有一只手是多余的，无处安放。于是，小时候用来装糖果、玩具的衣兜现在用来放手了。

就在这一瞬间她突然明白：原来我们一直以为很重要的东西在有些

时候也会显得微不足道，甚至感到多余！就如同多余的手一样，只有你自己知道是多余的，而这样的多余其实也是人生的一个部分，因为你无法预料它何时为珍贵，何时为多余，只要你能够找一个地方安放，你就能自我安慰、自我鼓励。

人生不能没有凝重，也不会总是轻松，但如果没有看起来暂时是多余的，便构不成完整的人生。

就像爱，还有由爱带来的快乐和痛苦，幸福和悲伤。

爱固然很重要，但是不应该重要到可以毫无缘由地让别人来全部承受，这样的承受会让人感觉到爱是如此沉重。快乐与痛苦，幸福与悲伤，都是你自己的，你的心境、你的感受、你的想象不可能完整地与人分享，能够分享的也只是其中的一部分，多出来的部分你要找一个心灵的衣兜，暂时安放、收藏。这是对他人的善待，也是对自己的善待。

过河就好，不要把船一直扛在肩上，否则它会成为你的负担。

◆ 学会自嘲

第二次世界大战期间，美、英、苏三国首脑在德黑兰会谈，气氛非常紧张。丘吉尔是个不拘小节的人。一天开会时，斯大林注意到英国外交大臣艾登悄悄递给丘吉尔一张字条，丘吉尔匆匆一瞥，神秘地说："老鹰不会飞出窝的！"并当即将字条放在烟斗上烧了。多年后，赫鲁晓夫访问英国时，旧话重提，艾登哈哈大笑，"我当时写的字条说：你的裤裆纽扣没扣上。"

心情是一种选择

在日常生活中，每个人都会遇到一些让人感到难堪的玩笑，如不知怎样调节情绪，沉着应付，就会陷入窘迫的境地，相反，如采取适当的"自嘲"方法，不但能使自己在心理上得到安慰，而且还能使别人对你有一个新的认识。

邓小平同志个子矮，他幽默地说："天塌下来有大个子顶着。"一语道尽小个子的"优越性"。他的风趣不但使人忘了他个子矮的不足，而且看到了他作为伟人的博大胸怀。鲁迅先生生前饱受迫害，他在《自嘲》诗中写道："运交华盖欲何求，未敢翻身已碰头。"这既是对自己遭遇的诙谐写真，也是投给反动派的枪弹。著名漫画家韩羽是秃顶，他写了这样一首《自嘲》诗："眉眼一无可取，嘴巴稀松平常，唯有脑门胆大，敢与日月争光。"读之令人忍俊不禁，使我们想到韩羽先生乐观、大度的处世态度。香港特区有个演员太胖，面对这种"自然灾害"，她不是挖空心思地去减肥，而是任其自然，把精力用在事业上，甚至给自己取艺名为"肥肥"，结果她以自己的才华赢得了观众的认可。

自嘲，是人生深厚精神底蕴的外在折光。它产生于对人生哲理高度的深刻体察，是既看到自己的不足，又看到自己长处后的一种自信。自嘲，是最为深刻的自我反省，而且是自我反省后精神的超越，显示着灵魂的自由与潇洒。自嘲，标志着一定的精神境界。自嘲，也是缓解心理紧张的良药，它是站在人生之外看人生。自嘲又是一种深刻的平等意识，其基础是，自己也如他人一样，有可以嘲笑的地方。自嘲，是保持心理平衡的良方，当处于孤立无援或无人能助时，自嘲可以帮自己从精神枷锁中解救出来。能自嘲的人，起码心眼不会狭窄，提得起，放得下，以一种平常恬静的心态去品味与珍藏生活中的酸甜苦辣，去参透与超越人世间的利禄功名，从而获得潇洒充实的人生。

自嘲是幽默的近邻，它从幽默那里借来精髓，自我消炎止痛，平慰心灵。自嘲不是一阵痛楚的分娩，而是一道麻辣的菜肴。